KB077364

남편이 딴짓하는 데는
이유가 있다

남편이 딴짓하는 데는 이유가 있다

초판 1쇄 2021년 08월 17일

지은이 이성서 | **펴낸이** 송영화 | **펴낸곳** 굿웰스북스 | **총괄** 임종익

등록 제 2020-000123호 | **주소** 서울시 마포구 양화로 133 서교타워 711호

전화 02) 322-7803 | **팩스** 02) 6007-1845 | **이메일** gwbooks@hanmail.net

© 이성서, 굿웰스북스 2021, *Printed in Korea*.

ISBN 979-11-91447-48-4 03590 | **값 15,000원**

남편이 딴짓하는 데는 이유가 있다

행복한 일상을 위해
꼭 알아야 할
결혼생활 기술

이성서 지음

굿웰스북스

꿈이 많을 나이 24살, 나는 한 남자의 아내가 되었다. 내가 결혼하고 싶다고 부모님을 비롯해 많은 사람들에게 말했을 때, 모든 이들이 나의 결혼을 말렸다. 사람들은 '결혼하면 인생이 끝난다.'라는 생각을 마음속에 다 가지고 있기 때문이다. 하지만 나는 부모님과 주변 사람들의 반대에도 결혼을 강행했다. 결혼하면 나의 삶이 180도 달라질 것을 잘 알고 있었지만 그래도 결혼을 통해 나의 인생에서 더 많은 경험을 할 수 있을 것이라고 생각했다.

『남편이 딴짓하는 데는 이유가 있다』를 쓴 이유는 나는 어린 나이에 결혼을 선택했고 결혼생활로 인해 느낀 바가 많기 때문이다. 동시에 어른들이 결혼을 말리며 했던 말과는 달리 "결혼생활 별것 없네."라는 것을 크게 깨달았기 때문이다. 내가 결혼을 해보니 결혼을 고민하고 망설이는 사람들에게 결혼이 얼마나 좋은 것인지를 알려주고 싶었다. 앞으로 더욱 행복해질 1%의 행복을 남겨두고 지금까지 나의 결혼생활은 99% 행복했다. 나는 이 책을 통해 내가 결혼으로 인해 얼마나 행복한 생활을 하고 있는지 많은 사람들에게 보여줄 것이다.

누군가는 "신혼이면 아직 얼마 살아보지도 않았을 텐데 네가 결혼생활에 대해 뭘 알아?"라고 생각할 수 있다. 그렇지만 첫 단추를 잘 끼우면 마지막 단추까지 잘 끼울 수 있다. 나는 우리가 첫 단추를 잘 끼웠기 때문에 끝까지 행복한 결혼생활을 하게 될 것이라고 믿는다. 결혼생활은 결국 만들어가는 것이다. 나는 남편과 지금까지 행복한 결혼생활만을 만들어왔고 앞으로도 그렇게 할 것이다.

이 책이 세상에 나올 수 있도록 도와주신 〈한국책쓰기1인창업코칭협회〉 김태광 대표 코치님과 〈한국석세스라이프스쿨〉 권동희 대표님께 감사드린다. 내가 모든 것을 내려놓고 남편을 따라와서 길 잃은 어린양처럼 삶의 방향을 찾지 못한 채 헤매고 있을 때 나에게 가장 큰 조언과 도움을 주신 분이시고 책을 쓸 수 있도록 코칭해주신 분이다. 내가 김태광 코치님을 만나지 않았더라면 책을 쓸 수도 없었을 뿐더러, 책을 쓸 생각도 하지 않았을 것이다.

지금은 책을 쓰고 새로운 인생을 살아가는 중이다. 나는 책을 쓴 지금, 나의 행복한 인생 2막이 시작되었다고 말할 수 있다.

내가 생각해도 나는 부족한 며느리이다. 그렇지만 나를 항상 따뜻하게 대해주시고 응원해주시고 믿어주시는 시부모님께 감사드린다.

어렸을 때부터 내가 하고 싶은 것은 다 할 수 있게 해주시고 입고 싶은 것도 다 입혀주시며 부모로서 최고의 사랑을 준 우리 아빠와 엄마께도 감사드린다. 내가 아침에 등교하면서 "엄마, 오늘 저녁은 김치찌개 먹고 싶어!"라고 말하면 그날 저녁 어김없이 식탁에 올라오던 엄마의 김치찌개가 아직도 생생하다. 내가 부족함 없이 잘 클 수 있도록 해주셔서 감사하다. 항상 나라를 위해 헌신하고 계신 아빠, 그리고 아빠의 뒤를 이어 해군을 선택한 친오빠도 너무 자랑스럽다.

"고맙고 사랑합니다."

마지막으로 이 책이 세상에 나올 수 있도록 나에게 많은 경험과 깨달음을 준 나의 남편에게 고마운 마음을 전한다. 항상 듬직하고 남편으로서 나를 잘 이끌어줘서 내가 지금의 자리까지 올 수 있었다는 것을 나는 누구보다 잘 안다. 앞으로도 더 큰 사랑과 행복을 전해줄 남편에게 사랑하는 마음을 전한다.

목 차

1장 내가 꿈꾸었던 결혼생활은 이게 아닌데?

2장 화성에서 온 내 남자

3장 배우자를 바꾸는 7가지 방법

4 장   행복한 남편과 아내가 되는 대화의 기술

01 마음을 여는 것에서 대화가 시작된다   193
02 같은 언어로 대화하고 있는가?   200
03 소통하는 아내가 되라   207
04 내성적인 남자와 소통하는 법   215
05 싸우고 싶어 하지 않는 남편에게   223
06 용서는 선택이 아니라 필수다   229
07 대화는 양보다 질이 중요하다   236
08 대화가 잘되는 부부에게는 공통점이 있다   244

내가 꿈꾸었던
결혼생활은
이게 아닌데?

01

어쩌다가 부부가 되었습니다

겁쟁이는 사랑을 드러낼 능력이 없다.
사랑은 용기 있는 자의 특권이다.

– 마하트마 간디 –

나는 어느 일요일 오후 교회 청년들과 카페에 가서 차를 마시며 일상
의 대화를 나눴다. 그러다 보니 저녁 시간이 되었고 함께 저녁 식사를 하
게 되었다. 저녁 식사를 할 때쯤 한 청년이 왔고 그 청년이 남편이 되었
다. 첫 만남이었다. 하지만 그 후로 남편과 나는 만날 일이 없었고 서로
에게서 잊혀졌다.

2년 후 겨울, 나는 여느 때와 같이 음악회를 준비하고 있었다. 연습을 하
고 있는데 갑자기 남편이 나타났다. 서로 관심이 없었던 터라 연습에 집

중했다. 음악회 당일 갑자기 남편한테 문자가 왔다. '크리스천 데이트'라는 앱에 내가 소개되어 너무 놀라 연락을 했다는 것이었다. 나는 그 당시 앱을 삭제하고 있어서 몰랐다. 탈퇴를 안 하고 그냥 앱만 삭제했다는 것을 깨달았다. 나는 앱을 다시 깔아 남편이 소개된 글을 확인했다. 진짜 남편이었다. 너무 신기했다. 남편을 잘 아는 건 아니었지만, 그래도 안면 정도는 있는 사람이었는데 이렇게 소개팅 앱에 소개되었다니! 물론 교회라는 공통점이 있기는 했지만, 소개팅 앱을 통해 남편을 만나게 될 줄은 꿈에도 몰랐다. 그리고 결혼까지 하게 될 줄은 더더구나 생각지도 못했다. 내가 그 앱을 탈퇴하지 않았던 것이 남편과 나를 이어주는 통로가 된 것이다.

12월 23일, 음악회를 마치고 남편이 날 집에 바래다주었다. 다음 날 만나기로 약속을 하고 밥을 먹은 것이 둘만의 첫 만남이었다. 우리는 밥을 먹으며 이야기를 했다. 처음 나눈 이야기가 비전에 대한 이야기였다. 처음 만나 했던 이야기가 비전 이야기인데, '어? 이상하다. 나랑 비전이 똑같네?'라는 생각이 들었다. 남편과 처음 나눈 대화였지만 너무 잘 통했다. 나는 '처음 대화를 나누는데 이렇게 대화가 잘 통할 수가 있을까? 처음 보는 사람인데 나랑 비전이 똑같을 수 있을까? 하나님이 내 짝으로 보내주신 사람일까?'라는 생각을 하게 되었다. 그날 이후 우리는 매일 만났고 많은 대화를 나눴다. 매일 만나 하는 거라곤 대화밖에 없어서인지 대화를 통해 남편과 나는 급속도로 친해질 수 있었다.

만남의 기회는 어디서 갑자기 찾아올지 모른다. 그 기회를 단번에 알아보고 잡는 것은 본인의 몫이다. 그 기회를 알아채지 못하는 사람은 내 옆에 있는 좋은 사람을 놓치게 된다. 좋은 사람을 옆에 두고 좋은 사람을 찾기 위해 노력한다는 것은 너무 안타까운 일이다. 시간과 감정을 모두 낭비하게 된다. 이것은 행복한 가정생활을 포기하는 길로 걸어가게 되는 지름길이다.

사람과의 관계를 쌓는 것도 용기 있는 자만이 할 수 있다. 남편이 만약 사소한 앱을 무시한 채 가만히 두었다면 나를 만날 수 없었을 것이다. 지금의 행복한 가정을 꾸리지 못했을 것이다. 남편이 그 앱을 보고 용기를 내서 나에게 연락했기 때문에 만났고 행복한 가정도 얻었다. 사람들은 상대방에게 먼저 용기 내어 마음을 전하는 것을 꺼린다. 일상 속에서 사랑을 고백하든지, 용서를 구하든지 그때 많은 용기가 필요하다. 그렇지만 쉽지 않은 일이다. 하지만 용기를 내지 않는다면 내가 원하는 사람을 얻지 못할 것이고 사랑하는 사람을 놓치게 될 것이다. 내가 내야 할 용기에 대해 적극적인 자세가 필요하다. 용기 있는 자만이 원하는 모든 것을 얻을 수 있다.

나는 결혼에 대한 명확한 기준들이 있었다. 그중 하나가 꿈과 목표를 공유하고 그 꿈과 목표를 바라보고 함께 나아가는 것이었다. 부부는 같은 목표를 향해 나아갈 때 좋은 동반자가 될 수 있다. 목표를 이루어가는 과정에서 부딪히고 쓰러져도 배우자를 통해 다시 일어설 수 있고 더 많이, 더 빠르게 성장해나갈 수 있다. 배우자가 어떤 꿈과 목표를 가지고 있는지 대화해보는 것은 서로에게 좋은 영향을 준다.

남편의 직업은 해군 부사관이었고 잠수함을 타기 위해 교육받고 있었다. 수료 후 잠수함을 타는 남편이 너무나 멋있었다. 여자들의 로망인 제복 입은 남자가 딱 남편이었다. 아빠도 군인, 오빠도 군인이어서 군인에 대한 환상은 없었지만, 남자친구가 군인이라는 것은 또 다른 느낌이었고 제복이 주는 설렘도 있었다. 그리고 군인이라는 직업을 잘 알고 있었기 때문에 더 좋았다. 남편도 나에게 오히려 군인에 대해 잘 아는 사람과 연애하니 너무 편하다고 말했다. 남편은 동료들로부터 군인에 대해 잘 알지 못하는 사람과 연애를 하면 오히려 여자친구가 '잠수를 타서' 힘들다는 이야기를 들었다고 했다.

나는 힘들게 일하는 군인 남자친구를 두고 왜 잠수를 타는지 이해가 되지 않았다. '그렇게 헤어질 거였으면 말이라도 해주지. 왜 말도 없이 잠수를 탈까?'라는 생각밖에 안 들었다. 사실 나 또한 아빠가 직장으로 인해 집에 못 들어오는 건 직업 특성상 어쩔 수 없지 했지만, 남자친구는 달랐다. "제발 훈련 안 나갔으면 좋겠다. 떨어져 있는 시간이 너무 싫다."

라고 생각하며 말하기도 했다. 그런 생각을 하는 나 자신을 보며 '아빠는 되고 남자친구는 안 되냐? 넌 참 불효녀다.'라는 생각이 마구 들었다.

나는 내가 이 땅을 밟고 살며, 편하게 잘 수 있는 이유는 우리나라를 지켜주는 군인 덕분이라고 생각해왔다. 나는 아빠와 오빠가 자랑스럽고 군인인 남편도 너무나 눈부셨고 자랑스러웠다. 어두운 밤 당직을 서던 남편의 말을 아직도 잊을 수가 없다.
"내가 나라를 지키고 있을 테니 너는 편하게 잘 자."
이 한마디가 나의 마음을 스르르 녹였다.

어느 날 남편은 나에게 책 한 권을 선물했다. 그 책의 제목은 박수웅 작가의 『우리, 결혼했어요!』라는 책이었다. 남편은 출근하지 않는 날이면 서점에 가서 살 정도로 책을 굉장히 좋아하는 사람이었다. 하지만 나는 1년에 책을 열 권도 제대로 안 읽는 사람이었다. 그런 내가 책 선물을 받으니 싫지는 않았지만, 딱히 좋지도 않았다. 그래도 남자친구가 주는 선물이니 천천히 읽어내려갔다.

그 책은 결혼에 대한 이해와 어떻게 행복한 가정을 꾸려야 하는지, 결혼하면 어떻게 내 삶이 변해갈지 잘 보여주고 있었다. 책을 읽으면서 남편이 나와 결혼까지 생각하고 있다는 것을 알게 되었다. 서로 말은 하지 않았지만, 결혼을 생각하고 만나는 것이 확실했다. 책을 읽으면 읽을수록 나는 빨리 결혼해야겠다는 결심을 하게 되었다. 남편은 나와 빨리 결혼을 하고 싶어 책을 선물했는지도 모른다.

보통의 연인들은 결혼을 생각하지 않고 연애를 한다. 결혼하겠다는 생각보다는 당장은 상대방을 좋아하기에 연애를 이어간다. 다소 쉬운 만남이다. 결혼과 연애는 애초에 다르다고 생각하는 것이다. 하지만 그렇게 생각하는 것은 좋은 연애가 아니다. 결혼을 생각하고 만나는 연애와 연애만 생각하고 만나는 연애는 애초에 다르기 때문이다. 물론 이러한 생각에는 상대를 선택하는 방법부터 달라야 한다는 전제가 깔려 있다. 나와 맞지 않는 사람을 만나고 있는데 결혼을 전제로 연애를 해야 한다고 말하는 것이 아니기 때문이다. 자신이 생각하기에 좋은 사람이라고 판단하고 그 사람을 선택했을 때 하는 말이다.

결혼을 생각하고 만나는 연인들은 서로 대우하는 말과 행동부터 다르다. 상대의 마음에 상처 주지 않으려고 노력한다. 상대의 말을 들으려 노력하고 배려한다. 상대를 절대 쉽게 생각하지 않는다. 서로를 긍정적으로 생각하는 것이 말과 행동으로 나타난다. 이러한 모습들이 관계를 유지하고 발전해나감에 있어서 긍정적인 효과를 준다. 연애를 하려면 이러한 모습으로 연애해야 한다. 이런 연애를 할 때 행복하다. 행복한 연애를 행복한 결혼생활로 이어나가면 된다. 스트레스 받으며 연애하고 스트레스 받는 결혼생활을 할 필요가 없다.

새로운 사람을 만나 그 사람의 인생에 들어가는 것은 어려운 일이다. 우리는 각자 다른 인생을 살아왔기 때문이다. 하지만 사랑하는 사람과 인생을 함께하는 것만큼 행복한 것은 없다. 두 사람의 인생을 합쳤을 때 한 사람의 인생이 없어지는 것이 아니라, 두 사람의 인생이 합쳐져서 또 다른 새로운 인생을 만들어가기 때문이다.

나와 남편은 우연한 만남으로 사랑을 시작했지만, 대화를 통해 사랑을 확신했고 서로의 생각과 행동을 통해 평생을 약속했다. 결혼은 쉽지도 않고 어렵지도 않다. 결혼을 어렵게만 생각하는 연인들과 오랜 결혼생활로 지쳐 있는 부부들에게 결혼의 부정적인 면은 최대한 완화해주고 긍정적인 면을 많이 알려주고 싶다. 그래서 사랑하지만 결혼을 고민하고 있는 연인들과 결혼생활에 많이 지쳐 있는 부부들에게 용기와 위로를 주어 그들에게 행복한 가정생활을 만들 힘이 생겼으면 좋겠다.

02

결혼은 과연 미친 짓인가?

아마도 사랑할 때 우리가 경험하는 감정은 우리가 정상임을 보여준다.
사랑은 스스로 어떤 사람이 되어야 하는지를 보여준다.

– 안톤 체홉 –

나는 부모님께 결혼을 허락받고 주위 사람들에게 바로 알리지 않았다.
결혼하기 4개월 전쯤 알리기 시작했다. 어린 나이에 빨리 결혼한다는 것
을 나 자신부터가 이미 알고 있었던 것 같다. 그리고 결혼한다고 하면 결
혼에 대해 부정적인 이야기만 들을 것이 뻔했다. 나는 어차피 결혼할 건
데 부정적인 말들로 다른 사람들의 입에 오르내리고 싶지 않았다.

나는 결혼 소식을 뒤늦게 사람들에게 알리기 시작했다. 사람들에게 내
가 결혼한다고 말했을 때 무척 축하해주었다. 그렇지만 축하해주는 반응

뒤에 나오는 반응들은 이미 내가 예상했던 반응들이었다.

"너무 일찍 결혼 하는 거 아니야? 혹시 혼전임신이라도 해서 빨리 결혼 하는 거야? 어차피 나중에 결혼하면 고생할 텐데 왜 벌써부터 고생하려 고 그러는 거야?" 등 한결같이 사람들은 결혼하면 인생이 끝난다고 말했 다. 왜 내 생각은 틀리지 않는 걸까? 축하 뒤에는 내가 생각했던 부정적 인 질문만 따라왔다. 나는 더 많이 행복해지려고 남편과의 결혼을 선택한 것인데 사람들은 행복이 아닌 불행을 선택하는 것이라고 말하니 결혼에 대한 부정적인 생각만 하는 사람들이 참 안타까웠다.

우리나라의 가정에서 흔히 보는 "사람은 결혼하면 인생이 끝난다."라 고 말하는 고정관념을 아예 이해하지 못하는 것은 아니다. 진심으로 행 복한 가정은 몇 없어 보이기도 한다. 보통의 사람들은 어렸을 때부터 부 모님이 행복해하시는 모습을 못 보고 자랐다. 행복한 가정을 이루려면 사랑으로 가득 채워져 있어야 하고 경제적인 능력이 있어야 하며 경제적 인 능력도 행복한 가정생활을 하는 데 꼭 필요하다고 말한다. 그래서 경 제적인 능력을 갖추기 위해 직장에서 힘들게 일하며 돈을 벌어온다. 서 로 온종일 직장에서 힘들게 일하다가 집에 들어오면 행복한 가정생활을 만들기는커녕 몸이 힘드니 말이 예쁘게 나올 수가 없고 오히려 짜증으로 인해 다툼이 일어난다. 자녀들을 잘 키우기 위해 대화를 하지만 서로 자녀 교육에 대한 교육관이 달라 대화도 통하지 않는다. 불행의 연속이다. 이러한 모습을 보면 결혼은 불행한 것이 맞다.

하지만 행복은 불행할 때 만들어내는 것이 진짜배기라고 생각한다. 직장생활로 몸이 힘들어도 서로의 기분을 상하게 하지 않기 위해 말과 태도를 신경 써야 한다. 힘든 배우자의 몸과 마음을 이해해주어야 한다. 힘들게 일하고 온 배우자를 위해 따뜻한 족욕을 준비해보라. 배우자가 너무 감동받아서 행복한 관계를 만들기 위해 노력해나갈 것이다. 자녀에 대한 교육관이 맞지 않는다고 해도 맞춰가기 위해 끝없이 대화해야 한다. 노력 없이 이룰 수 있는 것은 아무것도 없다.

나는 결혼하면 인생이 끝난다는 말을 인정하지 않는다. 서로가 노력하면 충분히 변할 수 있고 행복한 가정을 만들 수 있기 때문이다. 결혼해보니 알겠다. 결혼하는 것은 인생이 끝나는 것도 아니고 한 사람이 한 사람의 인생에 묻혀가는 것이 아닌 새로운 인생을 창조해내는 것이라는 것을. 결혼하면 불행하다고 말하는 사람은 혹시 자신이 불행한 결혼생활을 만들어가고 있지는 않은지 생각해봐야 한다. 모든 삶은 자신이 선택한 상황의 연속이다. 자신이 불행한 결혼생활을 선택하고 불행으로 가는 언어와 대화와 상황을 선택해서 불행한 삶이 찾아온 것이다. 남 탓 할 게 아니다. 앞으로는 생각을 바꾸자. 내가 행복한 결혼생활과 행복한 가정을 만들어가겠다고.

　남편은 결혼식 일주일 전 훈련에서 돌아왔고 일주일 전부터 바쁘게 결혼 준비를 했다. 남편과 나는 많은 사람들의 축하 속에 결혼식을 잘 마쳤다. 우리는 결혼식 다음 날 신혼여행을 가는 일정이었다. 결혼식이 끝난 그날 저녁, 남편은 그동안 피로가 쌓여서인지 일어날 수도 없을 만큼 녹초가 되었다. 신혼여행 가방을 마저 싸야 하는데 남편을 아무리 불러도 남편은 일어나지 않는 것이었다. 나는 너무 답답하고 화가 났다. 일어나서 준비하고 다시 자면 되는 것을 못 일어나겠다고 짜증스러운 말투로 나에게 그만 깨우라는 듯이 말했다. 나와 남편은 2년 동안 연애하면서 단 한 번도 싸운 적이 없었다. 그런데 결혼식이 끝나자마자 짜증스러운 말투를 들으니 너무 서러웠다. 나는 마음이 조급했지만 더 이상 자는 남편을 깨우지 않았다. 본인의 가방이니 본인이 책임지는 것은 당연하다고 생각하며 그냥 두었다. 다행히 남편은 자고 새벽 일찍 일어나 신혼여행 준비를 마무리했다.

　나는 남편에게 속아서 결혼한 것일까? 어떻게 결혼식 끝났다고 바로 사람이 변할 수 있는 걸까? 하는 생각이 들었다. 오히려 연애할 때는 이런 일을 겪지 않아서 내가 더 예민하게 받아들인 것이라고 생각했지만 이런 사람이라는 것을 알고 있었더라면 결혼 전 다시 고려했어야 할 문제라고 생각했다. 나에게는 두려워하는 인간관계가 있다. 나에게 짜증스러운 말투, 화내는 말투로 말하거나, 자신이 '갑'이라고 생각하는 사람과 맺게 되는 관계이다. 그런 사람들과는 잘 어울리지 못하는 성격이다. 그런 사람의 말 한마디로 인해서 내가 상처받을까 싶어 두려워하는 마음이 컸다. 그런 사람들의 성격은 대부분 본인의 마음과 상황만 생각하는 이기주의인 경우가 많기 때문이다. 본인만 생각하는 사람과는 어울리기가 싫다. 나는 내가 생각했던 것보다 여린 마음을 가지고 있는 사람이라는 것을 알고 있다. 항상 이런 사람들과는 깊은 관계를 맺으면 내가 심리적으로 너무 힘든 관계를 맺고 있는 것이라고 느낀다. 그런데 그 당시 남편의 말투가 딱 그랬다. 내가 너무 싫어하는 언어였고 말투였다.

나는 비행기를 타러 가면서 남편에게 말했다. 나의 남편이 되려면 나는 언어와 말투에 예민한 편이니 이 부분에 대해서는 신경 써줄 것을 부탁했다. 남편도 본인의 잘못을 인정하는 눈치였다. 그렇게 우리는 2년의 긴 연애 기간보다 하룻밤 사이에 더 많은 것을 알아가고 있다는 생각이 들었다. 상대방에 대해서 진짜 알고 싶다면 같이 사는 것만큼 그 사람을 잘 알 방법은 없다. 보통의 커플들은 연애할 때 나와 맞는지 알아보고 결혼한다고 하지만 그것은 참 어리석은 말이다. 한 달을 연애하든, 10년을 연애하든 연애만 해서는 그 사람을 알 수 없기 때문이다. 연애할 때는 나와 맞지 않으면 헤어지면 그만이라는 생각에 그 사람의 깊숙한 곳까지 알아가지 않고 알아갈 수도 없다. 10년 연애하는 것보다 일주일 함께 살아보는 것이 그 사람에 대해 더 정확히 알 수 있다.

결혼 후 나는 남편과 꽤 행복한 신혼생활을 하고 있었다. 남편이 훈련을 나가면 나 혼자 지내야 하는 것은 좋지 않았지만, 예쁘게 꾸민 신혼집과 고정적인 월급이 있었고 나도 학원 강사로 일을 하고 있었기 때문에 매우 안정적인 생활을 했다. 그렇게 신혼생활 1년이 지난 어느 날, 갑자기 남편은 나에게 대화를 하자고 했다. 그래서 나는 남편의 말을 듣고 있었다. 남편은 나에게 이런 말을 했다.

"나 전역하고 독일로 유학 겸 이민 가고 싶어. 어떻게 생각해?"

나는 갑자기 들은 남편의 속마음으로 인해 당황스러웠다. 남편은 군 입대하기 전부터 외국에 나가는 것이 꿈이라고 했다. 직업군인이 되고 결혼하면서 그 마음을 보이지 않도록 숨겼다. 하지만 그 마음을 끝까지 숨기는 데는 실패했다. 내 계획에도 없는 외국 생활이라니…. 남편의 말을 들은 나는 두 가지 마음이 들었다. '부모님과 내가 사랑하는 사람들을 두고 나 혼자 떨어져서 살 수 있을까?', '언어와 문화의 장벽을 이겨낼 수 있을까?' 그나마 나도 음악을 전공하면서 독일 유학을 생각해본 적이 있어서 당시 남편에게 화부터 내지 않은 것을 다행이라 생각했다.

남편이 모든 것을 다 내려놓고 독일로 가겠다고 선택한 것은 절대 쉽지 않은 결단이다. 아직 현역으로 계시는 장인어른보다 더 먼저 전역한다는 말을 꺼내야 하는데 그 말을 꺼내기란 쉽지 않다. 집이 발칵 뒤집어질 만한 발언이기 때문이다. 직업군인이라는 점을 믿고 어린 나이에 결혼시켜주신 것일 텐데 잘하고 있는 군 생활을 그만두고 갑자기 전역하겠다고 하니 말이다. 우리 부모님이 말은 하지 않으셨지만, 속으로는 '사기당했다!'라는 생각을 하셨을지도 모른다.

　결혼생활을 하면서 '이 사람이 미쳤나?'라는 생각이 드는 상황이 종종 생길 수도 있다. 하지만 그 미친 일들을 같이 해결해가는 과정을 통해 더욱 성장하는 부부가 될 수 있을 것이다. 남편의 말은 나에게 적잖은 충격을 안겨주었다. 생각지도 못한 말이었기 때문이다. 한편으로는 남편이 안정적으로 경제적 능력도 따라주고 결혼해서 행복한 가정생활도 이루었기 때문에 이런 말을 할 수 있지 않았나 하는 생각도 들었다. 남편의 말을 듣고 나에게도 생각하지 못한 좋은 기회가 온 것이고 결혼을 통해 또 다른 새로운 길을 열어가는 것이라고 긍정적으로 생각하기로 했다.

　엄청난 대화 주제에 서로의 마음을 이해해주는 대화를 했던 우리 부부가 대견하다. 결혼이란 이렇게 인생이 한순간에 뒤집어지는 것이다. 결혼했다고 안정적인 인생만을 사는 것은 아니다. 오히려 결혼 전보다 더 다이나믹한 삶을 살게 될 수도 있다. 이러한 면들이 결혼생활에 있어서 용기가 필요한 것이 아닐까 하는 생각이 든다. 앞으로도 나의 결혼생활은 다이나믹할 것이라는 생각에 기대가 된다.

03

반대하는 결혼을 선택한 이유

사랑은 지성에 대한
상상력의 승리다

- 헨리 루이스 멩켄 -

나는 대학을 졸업하자마자 결혼 준비를 시작했다. 대학 동기들이나 보통의 청년들은 대학을 졸업하면 취업을 준비한다. 이게 우리나라 청년들의 평균적인 미래이다. 하지만 나는 나의 미래를 결정하는 데 있어서 보통의 청년들과는 다른 생각을 했다. 취업이 아닌 취집을 선택했으니 말이다. '취집'이라는 말은 '취직+시집'이라는 말이다.

스물네 살 겨울, 나는 남편과 결혼했다. 다른 청년들이 열심히 취업 준비를 할 때 나는 시집갈 준비를 했다. 나를 보는 사람들은 "젊음은 많은 경험들을 해볼 수 있는 나이인데, 젊음을 누리지 못하고 벌써 결혼하다니 인생이 아깝다."라고 말할 수도 있다. 물론 결혼 안 한 사람보다는 더 자유롭게 경험할 여건을 만들 수 없을 것이다. 하지만 나는 결혼을 빨리 했다고 해서 내가 할 수 있는 경험을 못한다거나 다른 청년들에 비해 손해 보는 것이라고는 생각하지 않았다. 사람마다 자신의 인생을 자유롭게 선택할 자유가 있고 개개인이 선택한 길이 다를 뿐이라고 생각한다. 취직을 선택한 청년들은 결혼보다 먼저 일을 통해 많은 깨달음을 얻으며 살아가는 삶을 선택했고 나는 일보다 먼저 결혼생활을 통해 많은 깨달음을 얻으며 인생을 살아가는 것을 선택했다.

나는 내가 이른 나이에 결혼을 선택했지만, 결혼을 선택한 것에 후회하지 않는다. 결론적으로 나는 결혼을 해서 행복한 가정도 꾸렸고 결혼 후 일도 했기 때문이다. 음악 분야를 전공했기 때문에 일반 회사에 취업하지는 않았지만, 내가 즐기면서 할 수 있는 일을 했다. 결혼하면 인생이 끝날 것이라고 생각하지만 절대 그렇지 않다. 오히려 결혼하면 얻을 수 있는 것이 결혼 전보다 더 많다. 내가 의지할 수 있는 사람, 온전히 내 편인 사람, 나를 지지하고 응원해주는 사람이 생기는 것이다. 회사의 상사가 나를 힘들게 했을 때 내 편에 서서 나와 같이 상사를 욕해주는 사람이 생기는 것이다. 나를 지원해주는 든든한 배우자가 생기는 것이다. 결혼 후에 배우자가 내가 하고 싶은 일을 지원해준다면 혼자서 하는 것보다는 훨씬 더 좋은 결과를 만들어낼 수 있다.

어린 나이에 결혼해도 충분히 내가 원하는 것을 이루고 얻으면서 살 수 있다. 내 인생은 내가 선택하는 것이다. 내 삶의 정의는 내가 해야 한다. 내가 나의 삶의 주체이다. 내 삶의 주인공은 '나'다. 결혼은 주위 사람들의 시선을 의식하기 때문에 선택하기 어려운 것이다. 다른 사람의 눈을 의식한다고 내가 얻을 수 있는 행복을 걷어차버리는 어리석은 행동은 하지 말자. 다만 어린 나이에 결혼하면 경제적 능력이 부족한 건 사실이기 때문에 내가 원하는 호화로운 결혼식이나 집은 얻을 수 없을지도 모른다. 부잣집 자식이 아니라면 말이다.

나는 초·중·고, 대학교, 직장까지 집에서 다녔다. 그래서 나는 빨리 집으로부터 독립하고 싶은 마음이 컸다. 대학교 때 정도는 독립했었더라면 결혼이 조금 더 늦춰졌지 않았을까 하는 생각을 하곤 한다. 내가 결혼을 선택한 여러 가지 이유 중 하나는 독립하고 싶은 마음이었다고 생각한다. 지금 돌이켜보면 그 당시 나의 생각은 너무 미숙했던 것이다. 독립하기 위해 결혼을 선택한 것이 어리석은 생각이라는 것을 결혼 후 알게 되었다. 독립하고 싶어서 결혼을 선택하기에는 책임져야 할 것들이 너무나 많고 삶의 무게도 더 무거워진다. 나는 결국 결혼하기 전 얻을 수 있는 여러 가지의 것들을 포기하고 결혼과 동시에 부모님으로부터 독립을 얻었다.

결혼하면 부모님으로부터의 독립은 당연한 것이다. 결혼은 사회적으로 보았을 때도 한 성인으로서의 독립이다. 하지만 나는 어린 나이에 내가 얻고 싶은 것만 생각했던 나머지 독립적이지 못한 신혼생활을 했다. 부끄러운 고백이지만 남편과 고가의 물건을 구입하기 위해 대화를 나누던 중 생긴 일이다. 남편이 나에게 "이게 필요할 것 같은데 살까?"라는 질문을 했다. 나는 무의식적으로 "그럼 엄마한테 물어보자!"라고 대답했던 것이다. 나는 남편에게 대답한 후 순간 속마음으로 '아차!' 싶었다. 결혼했는데 엄마한테 물어본다는 대답은 너무나 웃기고 어이가 없었기 때문이다. 결혼했지만 아직도 부모님이 나의 삶 속에 크게 자리잡고 있었다. 결혼 후 부모님으로부터 독립하지 않으면 '나'뿐만 아니라 배우자도 너무 힘들어지는 결혼생활을 하게 될 것이다. 부모님이 내 안에 자리 잡고 있으면 부부는 하나 되기 어렵기 때문이다.

나는 얼마 전 남편과 함께 부부의 이야기가 중심인 결혼생활에 대한 TV 프로그램을 시청하게 되었다. 부부와 시어머님의 모습이 방송되고 있었다. 남편과 나는 그 프로그램을 보며 경악을 금치 못했다. TV 속 남편은 시어머니의 치마폭에 싸여 가장의 역할을 제대로 하지 못하는 모습을 보여주고 있었다. 남편과 시어머니가 한편이 되어 아내를 힘들게 하는 모습이지 않나 하는 것을 느꼈기 때문이다. 물론 남편의 입장에서 아내의 말과 행동에서 힘든 부분이 있을 수 있다. 그렇지만 그것은 부부가 서로 해결해나가야 하는 문제이다. 부모님이 합류하는 이상 부부가 아닌 적이 된다. 부부 사이에 삼자가 끼어들면 부부는 절대 하나가 될 수 없다. 부부는 대화를 할 수 없게 된다는 말이다. 각자의 생각을 들을 수 없기 때문이다. 부모님으로 독립하지 못한 부부는 더 이상 부부가 아니다. 부모님으로부터 독립되지 못한 부부생활은 절대 하지 말자. 결혼의 시작은 부모님으로부터 독립하는 데서부터 시작된다.

결혼하고 나니 나를 보는 사람마다 하는 말이 있었다. "성서야, 너 결혼하니까 되게 안정되어 보인다."라는 것이었다. 결혼 후에 이 말을 제일 많이 들었다. 나는 결혼한 것밖에 달라진 것이 없는데, 사람들이 이런 말을 하니 내가 결혼을 해서 풍기는 '안정감'이라는 게 대체 무엇인지 생각했다. 행복한 연애를 하고 있다면 누구나 빨리 결혼해서 같이 살고 싶다는 생각을 할 것이다. 우리도 그랬다. 매일 얼굴을 보고 대화하고 함께 있는 것만으로도 너무 좋아서 빨리 결혼을 하고 싶었다. 결혼하니 일하는 시간 빼고는 항상 같이 있을 수 있었다. 너무 행복했고 너무 즐거웠다. 그것만으로도 '남편'이라는 존재가 내 마음에 주는 평온함은 말할 수 없이 컸다.

결혼 후 남편이 나에게 주는 안정감도 있지만, 다른 하나는 부모님으로부터 독립해서 부부가 하나 되어 새로운 가정을 만들어가는 것에 대한 안정감이다. 결혼한 후에 시간과 서로의 노력으로 점점 부부가 되어 가는 것이지만 결혼 전에는 존 그레이의『화성에서 온 남자 금성에서 온 여자』라는 책이 있을 정도로 서로 다른 세상에서 각자의 삶을 살아왔다. 각자의 삶을 살다가 만난 두 남녀는 갑자기 하나가 될 수 없다. 부부가 되어가는 시간과 과정이 필요하다. 이러한 시간과 과정을 잘 이겨냈을 때 오는 안정감이 진짜 부부의 모습을 갖춰갈 때 오는 안정감이다. 아마도 사람들이 나에게 느끼는 안정감은 이런 것에서부터 오는 것이 아니었을까 하는 생각이 든다. 결혼 전 서로 다르게 살아왔던 삶을 맞춰가는 것은 쉽지 않은 일이다. 너무나 어려운 일이다. 아니, 이것이 신혼생활의 끝일지도 모른다. 그렇지만 이러한 과정들을 통해 진정한 부부가 되고 행복한 가정을 만들어갈 수 있다.

나는 부모님과 여러 사람의 반대에도 불구하고 결혼을 선택했다. 지금 돌아보면 어린 나이에 무턱대고 선택한 길이라고 말할 수도 있지만, 내가 선택한 결혼생활에 단 한 번도 후회해본 적 없다. 나의 선택은 나에게 불행이 아닌 행복을 가져다주었다고 확신하기 때문이다.

결혼을 통해 나는 점점 더 성숙해지고 있다. 적어도 나는 사회에서 배울 수 없는 성숙을 배웠고, 배우고 있고, 배워나갈 것이다. 나에게 있어 결혼을 통해서 배워나가는 성숙은 어디에서도 얻을 수 없는 값진 경험이다. 결혼을 통해 배우는 모든 것을 남편도 값진 경험이라고 느끼길 바란다. 앞으로도 나의 선택에 후회 없는 결혼생활을 이어나갈 것이다. 이런 좋은 경험을 조금이라도 젊었을 때 남편과 함께할 수 있어서 너무 감사하다.

나는 남편과의 결혼을 후회한다

죄를 미워하되
죄인은 사랑하라

— 마하트마 간디 —

　사람들은 연애하다 보면 '상대방과 대화가 잘 통하고 사랑의 감정을 느끼고 이 사람과 내가 평생을 함께할 수 없다면 나는 살아갈 수가 없겠다.'라는 생각이 들 때 결혼을 결심한다. 말 그대로 사랑하기 때문에 결혼하는 것이다. 물론 결혼이라는 것은 사랑하는 마음에서 선택하고 시작되는 것이지만, 사랑한다고 해서 선택한 결혼이 나에게 불행을 가져다줄 수도 있다는 점을 알아야 한다.

　결혼 전 데이트를 하다가 집에 들어가는 차 안에서 남편이 진지한 목소리로 "결혼은 우리 둘만 하는 게 아니라 서로의 집안을 알아가야 하고 적응해야 할 부분도 많은데 잘할 수 있겠냐?"고 나에게 물었다. 나는 어려서부터 어른들에게 사랑을 많이 받으며 자라왔고 어른들과 대화도 잘하는 편이라 남편에게 "결혼하면 새로운 가족에 적응하는 것은 당연한 일이고 서로가 양가 집안에 잘 적응할 수 있도록 노력해야지."라고 대답했다. 나의 말을 들은 남편도 미래의 아내가 이런 생각을 가졌으니 다행이라고 생각했을 것이다.

나는 새로운 사람을 만나도 낯가림이 없는 편이고 새로운 환경에 나름대로 잘 적응하는 편이라고 생각하며 살아왔기 때문에 결혼해도 별문제 없을 것이라고 생각했다. 하지만 결혼은 나의 생각과 조금 달랐다. 남편의 부모님을 비롯한 시댁 식구들을 만나는 것이 너무나 어렵고 불편했다. 그 자신감 넘치던 나의 모습은 어디 갔는지 보이지도 않았다. 시댁에 가면 남편의 뒤꽁무니만 졸졸 따라다니는 사람이 되었다.

어른들은 결혼하기 전 "상대방의 집안을 보고 결혼해야 된다."라는 말씀을 하시는데 그 말씀이 맞다. 우리는 드라마에서 그 예를 찾을 수 있다. 부잣집 남자가 가난한 여자와 사랑에 빠져 결혼을 허락받으러 남자의 집에 인사드리러 가는 장면을 자주 본다. 가난한 여자를 본 부모님의 반응은 어떨지 '안 봐도 비디오'다. 여자는 이름 모를 집안에서 가난하게 살아왔기 때문에 거절당하게 된다. 그후 부모님은 남자 몰래 여자에게 찾아가 돈 봉투를 내밀고 얼굴에 물 뿌리고 하는 그런 익숙한 장면들을 볼 수 있다. 나는 그런 드라마를 보면서 저 부모님은 둘의 사랑을 인정해주고 결혼을 허락해줄 수는 없었을까 하는 생각을 했다.

그런데 결혼을 해보니 한편으로는 그 부잣집 부모님의 마음이 이해가 되기 시작했다. 결혼은 수준에 맞는 사람들끼리 해야 한다는 그 말이 맞다. 서로의 집안 수준이 맞지 않으면 부모님들뿐만 아니라 결혼한 당사자들도 서로 수준을 맞춰가기 위해 힘든 노력을 해야 한다. 그럴 바에 애초에 마음 편하게 집안의 수준도 고려해서 만나는 것이 현명한 것이다. 드라마에 나온 부잣집 남자와 여자는 부모님을 이기고 결국 결혼해 행복하게 살아간다. 하지만 이것은 드라마이기 때문에 가능한 일이다.

위의 이야기는 드라마에서 쉬운 예를 찾은 것이지만 내가 생각하는 집안의 배경과 세상 사람들이 생각하는 집안의 배경은 조금 다르다. 내가 생각하는 집안의 배경은 돈, 명예, 권력 등이 아니다. 집안의 문화와 분위기 등이다. 화목한 가정에서 자란 사람은 그렇지 못한 사람보다 훨씬 더 가정적인 사람, 배려심이 깊은 사람이 된다. 결혼은 단순히 남자와 여자가 하는 것이 아니다. 집안과 집안이 평생을 함께하겠다고 약속하는 것이다. 그렇기 때문에, 상대방 집안의 문화와 분위기를 파악하고 적응하는 노력은 꼭 필요하다.

  내가 스물네 살이 되던 해, 남편과 결혼한다고 했을 때 부모님은 나의 결혼을 당연히 반대했다. 당시 부모님의 눈에는 아직도 어린애로 보였기 때문이다. 아무것도 할 줄 모르면서 어떻게 결혼을 하겠느냐는 말이다. 게다가 제대로 된 직장생활도 한 번 안 해보고 결혼하면 인생이 너무 아깝지 않겠냐는 것이다. 엄마도 어린 나이에 일찍 결혼했다. 그래서 엄마는 진심으로 일찍 결혼하는 것을 반대하셨던 것 같다. 결혼하기 전 엄마가 나에게 했던 말 중 두 가지가 기억에 남는다.
  "나도 결혼 빨리 했는데 왜 너까지 결혼을 빨리 하려고 그러냐. 혼인 신고하기 전에 마지막으로 다시 잘 한번 생각해봐라. 혼인 신고하면 진짜 끝이다."

  엄마가 결혼 전 나에게 하신 진심 어린 조언이었지만 결혼을 하겠다는 나의 의지가 너무도 확고했기 때문에 결혼을 말리는 데는 실패하셨다. 나는 엄마의 마음을 잘 안다. 하지만 나의 미래와 인생은 내가 선택하겠다는 생각이 강했다. 결혼해서 후회하는 삶을 살게 되더라도 지금 당장은 남편과 결혼을 하고 싶었다. 무엇보다 내가 선택한 남자는 나를 후회하지 않게 해줄 거라는 믿음이 있었다. 엄마는 혼인 신고한 우리를 보면서 말했다.

"혼인 신고도 했고 이왕 결혼하는 거 서로 배려하면서 행복하게 잘 살아야 해."

엄마의 마지막 말을 들은 나는 이제 진짜 부부가 되었구나 하고 실감하게 되었다. 이른 결혼을 선택한 나를 말리던 엄마의 선택을 따랐더라면 지금과는 많이 다른 인생을 살고 있었을 것이다. 나도 다른 청년들처럼 직장도 다니고 해외여행도 하면서 많은 경험을 할 수 있었을 것이다. 그리고 한 남자만이 아닌 여러 남자를 만나 보면서 결혼할 사람을 찾았을 것이다. 나는 결혼을 선택함으로써 내가 포기해야 할 부분들이 있었다. 그렇지만 앞으로는 더 많은 것을 얻을 것이라고 생각한다. 그리고 부모님께 꼭 행복하게 잘 사는 모습을 보여주겠다고 속으로 다짐했다.

나는 결혼 전 엄마에게 이렇게 말했다. "엄마, 근데 오빠 부모님이 교회를 안 다니셔." 나는 엄마의 반응을 보고 조금 놀랐다. 나는 엄마가 교회에 안 다니는 시부모님이시라 결혼을 반대할 줄 알았다. 그런데 엄마는 나에게 "네가 교회 가는 건 뭐라 안 하시지? 그럼 됐어. 교회 안 다니시는 부모님들이 자식들까지 가지 말라고 하시는 경우가 많은데 가지 말라고 하지 않으시니 다행이다."라고 하는 것이었다.

나는 결혼 전 남편과 결혼하면 꼭 시부모님이 교회를 다니실 수 있도록 노력해보겠다고 약속을 했다. 내 마음속에는 결혼하면 그렇게 할 수 있을 거라는 확신이 있었다. 그런데 이건 나의 착각이었다. 그냥 가만히만 있어도 어려운 게 시부모님인데 이런 종교적인 이야기까지 꺼낸다는 것은 정말 피하고 싶은 일이었다.

종교가 있는 사람과 없는 사람은 대화할 때도 보이지 않는 대화의 벽이 있다. 시부모님은 나의 모든 것을 이해하실 수 없고 나도 시부모님의 모든 생각을 이해해드릴 수 없다. 나는 나를 많이 생각해주시는 시부모님이 좋고 감사하다. 시부모님은 나를 최대한 배려해주시려 하시고 편하게 해주시려고 생각해주신다. 나를 며느리로서 사랑해주신다. 이런 마음을 모르는 것은 아니다. 하지만 시부모님과 종교가 같았더라면 나는 더 많이 행복했을 거라는 생각을 한다. 이 책이 출판되면 시부모님도 나의 책을 보게 되시겠지만, 절대 부담을 드리려고 그러는 것은 아니다. 어디까지나 나의 생각이 이렇다는 것을 말하는 것뿐이다.

성격 차이보다 더 큰 문제가 되는 것이 종교적 차이와 갈등이다. 성격은 서로 노력하면 맞추어갈 수 있는 부분이지만 종교적 차이는 아니다. 누군가 한 명은 포기해야 끝이 난다. 가급적이면 결혼 전에 종교적인 문제와 차이를 해결해야 한다. 결혼하면 배우자가 교회에 다니겠지, 결혼하면 끊겠지. 이런 생각은 착각이다. 절대 본인의 생각대로 이루어지지 않는다. 나도 그랬다. 종교적인 것은 내가 어떻게 할 수 없다.

　나는 남편과의 결혼생활이 행복하다. 단지 조금 더 신중했었더라면 좋았을 것이라는 생각을 가끔 하곤 한다. 그렇지만 내가 한 선택에 책임을 지고 있는 것이다. 나는 책 속에서 결혼에 대한 나의 생각과 경험들을 이야기하고 있다. 나는 이 책을 통해 결혼을 선택해야 하는 많은 사람에게 조금이나마 후회 없는 결혼을 선택할 수 있도록 도움을 주고 싶다. 한순간의 선택으로 행복한 미래를 만들 수 있지만, 불행한 미래를 만들 수도 있다. 최대한 불행한 미래를 만들지 않도록 잘 선택해야 하고 연습과 준비를 해야 한다.

05

결혼 전에는 몰랐던 것들

사랑은 눈먼 것이 아니다. 더 적게 보는 게 아니라 더 많이 본다.
다만 더 많이 보이기 때문에, 더 적게 보려고 하는 것이다.

– 랍비 줄리어스 고든 –

결혼하면 생각보다 많은 것들이 달라진다. 물론 이러한 것들을 이미 예상하고 결혼을 선택하지만, 달라지지 않을 것 같았던 모든 것이 달라지니 혼란스럽기도 하고 한편으로는 배우자에게 서운한 마음이 들기도 한다. 배우자뿐만 아니라 나의 모습 속에도 결혼 전과는 다른 모습을 발견할 수 있을 것이다.

엄마의 성격은 부지런하고 꼼꼼하다. 한마디로 집안일을 잘하셨고 요리도 아주 맛있게 잘하셨다. 이렇게 부모님이 집안일을 잘하면 자녀는 두 가지 양상을 보인다.

첫 번째, 부모님의 모습을 보며 자녀도 집안일을 잘한다. 두 번째, 부모님이 잘하시기 때문에 자녀의 입장으로 도울 일이 없다고 생각해서 잘하지 못한다. 나는 후자였다. 엄마가 부지런하게 집안일을 잘해서 굳이 내가 해야겠다는 생각을 하지 못했다. 물론 악기 연습 때문에 귀가 시간이 늦어서 할 수도 없었다. 부모님이 말하는 아무것도 할 줄도 모르면서 결혼을 어떻게 하냐는 것은 바로 이런 부분을 말하는 것이었다.

나는 결혼하고 처음 사용해보는 가전제품이 있었다. 세탁기와 전기밥솥이었다. 나는 결혼해서 처음 세탁기를 돌려보았고 전기밥솥으로 밥을 지어보았다. 나는 결혼하고 처음 세탁기를 돌려야 할 때 남편을 불렀다.

"오빠, 나 세탁기 한 번도 안 돌려봐서 어디에 무엇을 어떻게 넣는지 몰라."

남편은 나의 말에 적잖게 당황했을 것이다. 그래서 남편이 세제와 섬유유연제 등을 넣고 이렇게 동작 버튼 누르면 된다고 알려주어서 처음 세탁기를 돌려봤다. 그후에 전기밥솥을 사용할 때도 마찬가지였다.

"오빠, 나 전기밥솥 한 번도 사용해보지 않아서 물 얼마나 넣고 어떻게 눌러야 하는지 몰라."

남편이 두 번째로 놀랐다. 그래서 내가 남편에게 핑계를 댔다. "나 손 하나 까딱 안 하고 공주처럼 컸는데 오빠랑 결혼해서 이제 이런 일까지 다 해야 되는 거야."라고 말했다. 남편은 나의 말을 듣고 웃었다.

지금 생각해보면 스물네 살까지 세탁기도 한 번 안 돌려 보고 밥솥으로 밥도 한 번 안 해보고 뭐 하고 살았나 싶다. 결혼 전에는 내 일, 내가 해야 할 일만 하면 됐었는데, 결혼하니 안 하던 집안일도 해야 하고 어쩔 땐 내 일뿐만 아니라 남편 일까지도 내가 해야 할 때가 생긴다. 집안일을 하고 있으면 '내가 이렇게 부지런한 사람이었나.'라는 생각을 하게 된다. 엄마가 부지런한 사람이 되어야 하고 항상 미리 준비해야 한다고 말하는 이유를 깨달았다.

나는 결혼하고 나의 생활이 완전히 달라졌다. 집안일을 먼저 생각하는 사람이 되었고 누가 말하지 않아도 움직이는 사람이 되었다. 내가 집안일을 하면 남편은 고마운 마음을 가지고 나를 돕는다. 집안일을 분담하는 것도 맞는 일이다. 그렇지만 집안일을 분담하기에 앞서 먼저 솔선수범하는 남편과 아내가 되었으면 좋겠다. 그러면 서로에게 고마운 마음을 가지게 될 것이고 집안일 때문에 싸울 일도 적어진다. 집안일 때문에 많이 싸운다면 내가 먼저 시범을 보여야겠다는 생각으로 행동해보자. 처음에는 상대방이 변하지 않을지 몰라도 결국에는 함께 집안일 하는 날이 올 것이다.

여러 사람과 함께 있을 때 어떤 분이 "결혼했는데 아직도 설레세요?"라고 우리 부부에게 물었다. 남편은 1초도 고민하지도 않고 바로 "네, 그럼요, 아직도 설렙니다."라고 대답했다.

나는 조금 고민을 하다가 "아니요, 저는 연애할 때만큼은 설레지 않는 것 같아요."라고 대답했다. 나의 말을 들은 남편의 두 눈에서 동공 지진이 일어났다. 나에게 그 대답의 반은 농담이었고 반은 진심이었다. 나는 결혼해도 연애할 때만큼 설렐 줄 알았다. 그런데 꼭 그렇지만은 않았다. 그래서 설렘이라는 단어를 듣게 되면 남편에게 "연애할 때 참 설레고 좋았었는데."라고 말하며 추억을 떠올리기도 한다.

나는 주변 사람들에게 결혼하면 연애할 때만큼의 설렘은 없어질 테니 연애할 때 설렘이란 감정을 많이 느끼고 잘 간직해두어야 한다고 말한다. 상대방은 이 말에 서운할지 몰라도 이것이 진실되게 말하는 것이 아닐까. 물론 '최수종─하희라' 부부처럼 평생 설레는 부부도 있다. 그렇게 평생 설레는 삶을 살려면 서로에게 얼마나 많은 노력을 해야 하고 얼마나 헌신적으로 서로를 배려해야 할까. 보통의 부부는 이러한 드라마 같은 모습보다는 안타깝게도 싸우면서 살아가는 현실적인 모습을 선택한다. 어쩌면 현실적인 모습을 선택하는 것이 정상적이다. 이런 선택을 하는 우리도 어쩔 수 없는 인간이라는 것을 깨닫는다.

그렇지만 여기서 한가지 짚고 넘어가야 할 점이 있다. 설레는 감정이 들지 않는다고 해서 사랑하지 않는 것은 아니다. 설렘이 곧 사랑이라고 표현하는 사람도 있지만 절대 그렇지 않다. 나는 연애할 때보다 설렘의 감정은 덜하지만, 연애할 때보다 결혼 후에 사랑하는 감정이 더 커졌다. 그러니 설레는 감정이 없다고 해서 관계에 문제가 생긴 것은 아니다. 결혼은 했지만 설렘의 감정이 끊기지 않도록 행동해야 하고 사랑하는 마음이 더 커질 수 있도록 서로 노력해야 한다.

나는 악기를 하는 사람이었기 때문에 손을 아꼈다. 다치지 않도록 관리했다. 학교에서 체육 시간에 피구와 같은 공을 활용하는 날이면 손을 다치지 않게 신경 썼다. 손을 베일까 칼도 잘 사용하지 못했다. 콩쿠르가 다가올 때면 아예 칼을 안 썼다. 아무것도 아닌 것 같지만, 이것도 내 나름대로 관리라고 생각했다. 그래서 나는 결혼하기 전까지 과일 하나도 깎을 줄 몰랐다. 나중에는 과일 깎는 연습을 해야 하는 상황이 올 수도 있다고 생각했지만 당시에는 내 손이 더 중요했다. 부모님도 굳이 과일을 깎아보라고 시키시지 않으셨다.

결혼 전 나는 남편에게 "나는 손으로 먹고사는 사람이니까, 과일 깎는 것처럼 손이 베일 수 있는 건 안 하고 싶다."라고 말했다. 남편도 "과일은 내가 깎아줄게."라는 말을 하며 나의 말을 인정해주었다. 문제는 결혼 후였다. 처음에는 약속한 대로 과일을 잘 깎아주더니 시부모님을 만나고 온 후에는 그래도 과일 깎는 것 정도는 할 수 있어야 하지 않겠냐고 말하는 것이었다.

나는 내가 과일을 깎고 안 깎고의 문제에 초점을 둔 것이 아니다. 과일 깎는 것 정도야 연습하면 충분히 할 수 있는 일이다. 나는 남편이 나와 한 약속을 어겼다는 것에 실망했다. 결혼뿐만 아니라 평소 인간관계에 있어서 말의 앞과 뒤가 다르면 그 사람과는 거리를 두고 싶다는 마음이 든다. 그런데 결혼 관계에서 그러니 얼마나 실망했겠는가. 결혼해봐야 알게 된다는 것이 안타깝지만 결혼 전과 후의 모습이 다르면 안된다. 약속을 어기는 사람이 되어서는 안 된다. 한두 번은 실수할 수 있지만, 결혼생활을 함에 있어서 자주 반복된다면 부부 관계가 틀어질 것이고 대화하는 것도 불편해지는 상황이 올 것이다.

누군가 볼 때는 굉장히 사소한 일이다. 뭐 그런 아무것도 아닌 일을 이야기하냐고 할 수 있지만, 나에게는 큰일이었다. 약속을 지키지 않는다거나 앞뒤가 맞지 않는 대화를 계속하게 된다면 신뢰가 깨진다. 신뢰가 깨지면 인간관계가 깨진다. 말 한마디로 관계를 깨어버리는 어리석은 행동을 하지 않길 바란다.

결혼 전과 후는 다르다. 그리고 더 많은 부분이 달라질 것이다. 결혼해 보지 않으면 절대 알 수 없는 모습들을 발견하게 될 것이다. 그렇지만 나는 결혼 전과 후가 다른 서로의 모습이 부부가 되어가는 과정이라고 생각하고 즐기라는 말을 하고 싶다. 인간은 주어진 환경에 잘 적응하며 살아간다. 결혼 전에는 몰랐던 '나'의 새로운 모습을 알아가고 잘 적응하며 살아가게 될 것이다. 결혼 전에는 몰랐던 나와 배우자의 모습을 발견하면서 그때마다 싸울 것이 아니라, 앞으로 어떻게 조율하고 얼마나 더 행복하게 살 수 있을지를 고민한다면 그 고민은 어제보다 더 나은 삶, 더 행복한 삶을 살아갈 수 있는 원동력이 될 것이다.

06

결혼 후 바뀐 나의 우선순위

한 방향으로 같이 사랑하면
다른 모든 방향으로의 사랑도 깊어진다.

- 안네 소피 스웨친 -

결혼하면 내가 중요하게 생각했던 우선순위들이 남편과 가정의 우선순위들에 밀려난다. 나의 우선순위들은 점점 중요하지 않은 순위가 되어 버린다. 그렇게 되지 않기 위해서 미리 나의 우선순위를 배우자와 공유해야 한다.

나는 사람들 만나는 것과 대화하는 것을 좋아한다. 사회에서는 새로운 사람을 만나면 낯가림이 없는 편이고 어려워하지 않는다. 여러 사람과 쉽게 잘 섞이는 편이다. 이러한 외향적인 성격을 가진 나는 쉽게 말해 밖에서 노는 것을 즐기는 사람이라 할 수 있다. 사람들 만나고 대화하는 것이 내 일보다 먼저일 때도 있다.

하지만 결혼하고 보니 이제는 사람들 만나는 것도 내 마음대로 되지 않았다. 물론 남편은 나의 모든 활동을 이해해줬다. 그렇지만 나는 이제 결혼한 사람의 입장으로 내가 불편해졌다. 결혼 전에는 여러 사람들과 그냥 대화하고 놀면 끝이었지만, 이제는 나의 일정을 남편에게 알리고 이해를 구해야 하는 상황이 되었다. 그래서 주변 사람들이 도리어 나에게 물었다.

"남편 챙겨줘야 하는 거 아니야?"
"남편한테 허락받았어?"

이제는 나의 생활이 내 것이 아닌 것이 되었다. 남편과 공유해야 하고 허락받아야 하는 상황으로 점점 변해갔다. 이제는 내가 친했던 사람들보다 남편이 먼저가 되었다. 한편으로는 이런 순간들을 통해 이제 나는 결혼을 했고 누군가의 아내가 됐다는 것을 더욱 실감하게 되었다.

나는 남편이 내가 좋아하는 것, 내가 하고 싶은 것들을 이해해줘서 너무 고맙다. 내가 하고 싶은 일, 만나고 싶은 사람들을 만나지 못하게 했더라면 나는 불행한 결혼생활을 했을 것이다. 그리고 내가 남편과 모든 일상을 공유하는 데 있어서 많이 힘들 것 같다는 생각을 한다. 음악 하는 사람은 고집이 세다는 말을 많이 들어봤을 것이다. 알게 모르게 내 안에도 무서운 나의 고집들이 자리잡고 있을 텐데 남편의 인정을 통해 그 고집들을 아직 잘 감추고 있는 것 같다.

우선순위를 정할 때 배우자를 이해해주는 것과 배려해주는 것은 생각보다 어렵지 않다. 나의 상황을 예를 들어보면 결혼한 아내가 늦게까지 놀다가 집에 들어오는 것을 이해하지 못한다면 이것은 싸움의 요소가 된다. 하지만 남편이 "나도 사람들이랑 시간을 보내다가 늦을 경우가 있는데 아내도 사람들과 시간을 보내다 보니 늦을 수 있다."라고 생각한다면 딱히 이해 못할 일도 아니다. 본인이 이해하려 하지 않아서 그렇지, 이해하려 하면 충분히 이해하고 살아갈 수 있다.

결혼하고 첫 명절이 되었다. 나는 남편과 함께 나의 친할머니 집인 통영에 먼저 갔다. 가서 인사드리고 시간을 보냈다. 시간을 보내고 시댁인 산청으로 가려고 준비를 했다. 그래도 첫 명절이니 한복도 입고 나름 명절 느낌이 나도록 예쁘게 꾸몄다. 결혼할 때 한복을 대여하려 했는데 그래도 한복 한 벌 정도는 있어야 되지 않겠냐고 하시며 엄마가 선물해주셨다. 준비를 마치고 가족들에게 인사를 하고 산청으로 향했다. 산청에 도착할 때쯤 나는 갑자기 눈물을 터뜨렸다. 나의 눈물을 본 남편은 갑자기 왜 우느냐고 너무 놀라 차를 세웠다. 평소에는 보라고 해도 안 보는 엄마의 얼굴이 왜 이렇게 그리운지, 오랜만에 보는 가족들을 두고 새로운 곳으로 가려니 너무 가기 싫었다. 나도 내가 사랑하는 가족들과 함께 있고 싶었다. 물론 시부모님께 잘하지 못하지만 결혼하면 나의 가족보다 남편의 가족을 더 챙겨야 한다는 것이 크게 느껴졌다.

결혼하면 명절에 보통 시댁을 간다. 아무리 남녀평등을 외친다고 하더라도 결혼한 부부의 입장에서 봤을 때 우리나라에서는 아직 남자 위주의 삶을 살아간다. 결혼을 계획하고 있거나 이미 결혼을 한 부부에게 이제는 시댁뿐만 아니라 친정도 같이 가야 한다고 말하고 싶다. 내가 가고 싶은 만큼 배우자도 본인 집에 가고 싶고 나의 부모님이 보고 싶다는 것을 알아야 한다.

사실 나는 명절에 누구 집 갈 거냐고 싸우고 마음 상할 바에 그냥 서로 기분 좋게 각자의 집으로 가라고 권유하고 싶다. '이것이 가장 현명한 방법이 아닌가?'
그런데도 본인들이 생각하기에 사위의 역할이 있고 며느리의 역할이 있기에 부모님 댁에 함께 가는 것인데, 그럴 거면 시댁을 먼저 간다고 하더라도 후에 친정을 꼭 방문해야 한다.

코로나19 상황으로 인해 친척 식구들을 잘 뵙지는 못하지만, 시댁에 있는 아내에게 이렇게 말해보자. "우리 이제 장인어른, 장모님 뵈러 갈까?" 여자에게 사랑받는 방법은 따로 있는 것이 아니다. 이렇게 사소한 마음에서 나오는 따뜻한 배려이다. 이렇게만 말해도 남편의 말을 들은 아내는 기분이 좋아서 밥상의 반찬 수가 달라질 것이다.

남편은 결혼 후 1년이 지나 나에게 전역하겠다고 말했다. 보통 여자들은 아이 출산으로 인해 경력이 단절되는 경우가 많다. 나는 아이가 아닌 남편의 직장으로 인해 경력이 단절되는 상황이 되었다. 남편의 말을 듣고 '아, 이래서 여자들은 결혼하면 경력이 단절되고 하고 싶은 일도 하지 못하게 되는 상황이 오는구나.'라는 생각을 하게 되었다.

남편이 독일로 유학 겸 이민을 가고 싶어 해서 전역했지만, 코로나19 상황으로 인해 우리는 독일 이민을 보류하게 되었고 독일 이민을 보류하는 동안 남편은 해군 부사관을 꿈꾸는 청년들을 위해 조금이라도 도움이 되고 싶어 책을 썼다. 책을 쓰니 우리 부부에게 좋은 기회가 생겨 연고도 없는 경기도 분당으로 이사 가게 되었다. 우리는 독일로 유학을 간 것이 아닌 분당으로 유학을 오게 된 것이다.

나는 경남에 소재한 음악교육과를 졸업하고 아이들에게 피아노를 가르치며 내게 주어진 연주 활동을 했다. 만약 수도권에 올라가게 되면 음대가 아니라 교육과를 졸업했고 아는 인맥도 없는 내가 과연 연주 활동을 할 수 있을까 하는 생각을 하게 되었다. 그렇지만 나는 남편의 상황과 우리 부부에게 빠르게 다가올 밝은 미래만 생각하며 나의 일은 잠시 내려두고 남편의 결정에 따랐다.

나의 선택이 당장은 불행하다고 느끼더라도, 결국엔 성공한 미래를 볼 것을 상상하며 남편의 선택에 힘을 실어주었다. 지금까지는 내 인생에서 나의 일이 우선순위지만, 이제 우리는 결혼한 부부이고 남편은 한 집안의 가장이니 꿈과 비전을 이루는 그 순간만큼은 남편이 나의 우선순위가 되었다. 이러한 나의 상황들에 사람들은 "왜 너의 일을 포기하면서까지 남편의 일을 이해해야 돼?"라는 말을 할 수도 있다. 그렇지만 내 생각은 달랐다. 남편이 나를 이해해주는 것만큼 나도 남편을 이해해주고 배려해주는 것이다. 남편이 나를 이해해주기 때문에 내가 이해해주는 것이라고 말하지만, 내가 먼저 이해해주면 남편도 나를 이해해주는 사람으로 점점 변화된다. 이렇게 맞추어나가는 것이다. 무엇보다 우리는 부부이기 때문에 성공할 우리의 미래를 보며 같이 걸어가는 것이다.

부부이기 때문에 우선순위를 정하는 부분에 있어서 충분히 싸움이 일어날 수 있다. 그렇기 때문에 결혼 후에 우선순위를 조절할 수 있는 시간이 필요하고 우선순위를 조절하고 선택하는 데 있어서 배우자의 이해와 배려가 있어야 한다. 그렇지 않으면 결혼하는 것 자체가 나를 옥죄는 일이 될 것이고 스스로 불행한 부부생활을 만드는 것과 같다.

결혼 후 우선순위를 정하다 보면 내가 원하지 않는 것들이 나에게 중요하게 다가오는 경우가 많다. 그리고 내가 원하지 않는 것들까지도 이해하고 받아들여야 하기에 그것들을 인정하고 받아들이기란 더욱 힘들다. 하지만 그것들을 이해하고 받아들이는 마음이 필요하다. 처음은 힘들지만, 부부가 함께 우선순위를 공유하며 나아간다면 서로에게 부담이 아닌 큰 힘이 될 것이다.

결혼한 사람들이 하는 변명

사랑은 모두가 기대하는 것이다.
사랑은 진정 싸우고 용기를 내고 모든 것을 걸 만하다.

- 에리카 종 -

결혼하기 전 남자들은 프러포즈할 때 왜 이런 말을 할까?

"내가 평생 행복하게 해줄게."

"결혼하면 네 눈에서 눈물 흘리지 않게 할게."

"결혼하면 네 손에 물 한 방울 안 묻히게 할게."

"네 인생 내가 책임진다."

여자들은 이런 말이 거짓말인 걸 알면서도 남자와 결혼을 약속한다.

결혼하면 행복하다는 말의 반은 진실이고 반은 거짓이다. 결혼하면 행복하다고 말하는 사람들이 있다. 그렇지만 그런 사람들도 결혼생활이 행복에 더 가까운 것이지 100% 행복한 결혼생활을 하고 있지는 않다. 그리고 곰곰히 생각해보면 행복하지 않은 결혼생활을 할 때가 더 많음을 알수 있다. 오히려 자신이 불행한 결혼생활을 하고 있다고 생각하는 사람이 더 많을 수도 있다는 생각이 든다. 나는 연애할 때 너무 행복했다. 그래서 행복한 결혼생활을 꿈꿨다.

남편의 성격은 조용하지만, 차분하고 진중한 성격이었다. 나의 이야기도 잘 들어주었다. 그러나 결혼해보니 상상은 상상일 뿐 오히려 연애할때 너무 좋았던 것들로 인해 싸우고 있는 내 모습을 발견하게 된다. 웃기게도 배우자의 이런 모습이 너무 좋아서 결혼했지만, 결혼해서는 배우자의 장점 때문에 싸우게 된다. 예를 들어 결혼 전에는 남편의 차분한 성격이 장점이었지만, 결혼 후에는 이 차분한 성격이 나에게 한편으로는 답답함으로 느껴졌다.

그리고 남편의 직업 특성상 연애할 때와 결혼해서 전역하기 전까지는 떨어져서 지내는 날이 많았다. 그래서 우리는 결혼해도 항상 애틋하고 보고 싶은 부부였다. 그래서 훈련을 나가지 않는 날에는 최대한 붙어 있었다. 그런데 전역하고서는 정말 온종일 붙어 있게 되었다. 이제는 원하지 않아도 붙어 있어야 했다. 사람의 마음이 참 간사한 게 못 볼 때는 그렇게 붙어 있는 것만으로도 너무 좋고 행복했는데 지금은 붙어 있기 때문에 배우자의 모습을 더 보게 되고 장점보다는 단점을 보게 되고 붙어 있어도 딱히 더 좋을 건 없다는 것을 깨달았다. 한편으로는 이게 어른들이 흔히 말하는 "결혼하면 콩깍지가 벗겨진다."라는 것인 듯싶다.

결혼하면 평생 함께하고 행복할 것이라는 믿음은 자신이 그렇게 살고 싶다는 착각일지도 모른다. 결혼하면 힘든 부분이 더 많을지도 모른다. 그럼에도 불구하고 행복의 요소가 있으니 하는 것은 사실이다. 나는 결혼하니 행복하다. 100%는 아닐지라도, 100%의 행복을 위해 서로 맞춰 가고 배려하는 것에서 오는 행복을 느낀다. 서로 더 하나가 되려고 노력하는 것 같아 감사하다. 주위 사람들을 보면 나의 힘듦은 힘든 것도 아니다. 아주 행복한 것이다.

결혼해서 마치 남편이 내 인생을 다 책임져줄 것처럼 말하지만 막상 그렇지 않다. 남편이 나와 결혼했다고 해서 내 인생을 살아줄 수 없을 뿐더러, 책임져주지 않는다. 결국 남편은 본인의 인생을 살아가기 바쁘다. 사실 결혼해서 배우자가 조금이라도 도와준다면 그것만이라도 감사가 절로 나올 것이다. 우리가 몰라서 그렇지 배우자가 손 하나 까딱 안 하는 삶을 살아가는 부부도 많다. 물 한 컵도 아내가 가져다줘야 하는 남편들이 많을 텐데 그런 남편과 살 바에는 결혼을 하지 않는 것이 나을지도 모른다.

남편은 가장이라는 이유로 돈을 벌어 처자식들을 먹여 살리고 행복한 가정을 꾸려야 한다는 의무감이 있다. 그래서 자연스럽게 직장에 집중하게 되면서 가정을 돌보는 것에 소홀해지는 경우가 많다. 이렇게 직장에 치여 가정을 돌보는 일에도 소홀해지는데 아내의 행복과 가정의 화목을 책임질 수 있을까? 남편이 책임져줄 것이라는 말은 결혼을 선택한 나의 선택에 대한 책임감일 뿐이다. 서로 사랑해서 결혼했지만, 각자의 역할을 생각하며, 역할에 맞는 일을 해나가야 할 것이다.

또 다른 예로 결혼으로부터 오는 안정감에서 안일해지는 마음이 든다. 이런 마음 때문에 배우자가 나의 인생을 책임져주는 것을 생각하게 되고 원하게 된다. 나는 일찍 결혼해서 남편이 벌어다 주는 월급으로 충분히 원하는 생활이 가능했다. 그만큼 다른 사람에게도 나의 모습이 경제적으로 안정감 있는 모습으로 비쳐졌다.

나의 결혼 후 막내 외삼촌이 친정에 놀러 왔다. 삼촌이 나를 보더니 "결혼하더니 너무 안일해지는 거 아니야?"라는 말을 하셨다. 나는 그 당시 음악 학원 강사로 일하고 있었음에도 불구하고 결혼하면 인생 끝난 것처럼 살면 안 된다는 의미가 담긴 삼촌의 말을 들으니 '어린 나이에 결혼해서 제대로 된 직장도 안 다닌다고 생각하셔서 그런 소리를 하신 건가?'라는 생각이 들었다.

솔직히 말하면 나는 내가 어린 나이에 제대로 된 직장도 안 다녀보고 결혼해서 그런지 안일하게 살아가는 것처럼 보인다는 삼촌의 말에 적잖게 당황했다. 삼촌의 말은 나에게 '나는 능력이 없는 사람이다.'라는 생각을 하게 했기 때문이다. 내 스스로가 인정하고 싶지 않은 부분을 이야기해서 더 그런 것 같다. 나는 결혼을 했다고 배우자에게 내 인생을 책임져달라고 할 것이 아니라, 내 인생은 내가 만들어가야 한다는 것을 깨달았다.

당신은 정말 결혼하면 인생이 끝이라고 생각하는가?

나는 "결혼하면 인생 끝이다."라는 말을 하는 사람들을 참 많이 봤다. 결혼한 사람들이 이렇게 말하는 데에는 몇 가지 이유들이 있다. 요즘 시대에는 혼자 일해서는 살아갈 수 없는 시대라고 하는데 그래서 같이 벌지만, 아이라도 생기면 아내는 출산과 육아로 인해 일할 수 없게 되는 상황이 온다.

게다가 전문직 직종에서 일하고 있는 여성들은 출산과 육아로 인해 경력이 단절될 것이고 여성의 입장에서는 결혼하면 출산과 육아를 도맡아

하기 때문에 '나의 인생은 끝났다.'라는 생각을 더 현실적으로 하게 될 것이다. 그래서 우리나라에서 여성들이 출산과 육아를 포기하는 사람들이 점점 늘어나고 있는 것이 아닐까.

사람들은 '결혼하면 끝이다.'라는 말을 사용한다. 특히 결혼한 부부들이 부정적인 의미로 많이 사용한다. 부정적인 생각은 부정적인 환경을 가져오기 마련이다. 나의 환경이 불행하더라도 부정적인 생각을 하면 안 된다. 이제부터는 부정적인 생각을 긍정적으로 바꿀 필요가 있다. '결혼은 끝이 아닌 내 삶을 새롭게 시작하는 또 다른 시작이다.'라고 생각하는 것이다.

결혼이라는 것부터가 남편과의 새로운 가정을 꾸려나가는 시작 단계이고 아이를 출산하는 것은 아이와의 만남을 통해 새로운 삶의 시작을 알리는 것이다. 우리는 결혼에 대해서 '끝'이라는 말을 많이 사용하지만, 결혼은 '시작'이라는 말을 사용하는 것이 맞다. 결국 결혼생활이 인생에 있어서 끝인지, 시작인지는 자신이 선택하는 것이다. 결혼생활이 시작된다고 생각하는 부부는 행복한 생활이 시작될 것이고 결혼으로 인해 나는 이제 끝났다고 생각하는 부부들에겐 불행이 시작될 것이다. 나는 나의 행복한 결혼생활을 위해서 끝이 아닌, 시작이라고 생각하고 계속 발전하고 행복한 결혼생활을 하는 모습을 보여줄 수 있도록 노력할 것이다.

결혼하면 자신의 삶이 갑자기 변화된다. 당장 눈 앞에 마주한 현실 때문에 긍정적인 생각보다는 부정적인 생각들로 스스로 자신을 힘들게 한다. 자신에게 수많은 변명을 늘어놓게 만든다. 그렇기 때문에 더욱 결혼에 대한 책임과 결혼생활의 부담감을 서로에게 짐으로 주어서는 안 된다. 그리고 결혼에 대해서 주변 사람들이 해주는 조언들은 도움이 되지만, 그것이 전부는 아니다. 결국 모든 일은 내가 느껴보고 내 입장에서 스스로 정의를 내려야 하는 것이다. 다른 사람들이 나의 결혼생활을 정의 내려줄 수 없다. 결혼하면 행복하지 않을 때도 많은데, 행복한 것처럼 보이기 위해 행복하다고 변명한다. 거짓 행복을 말하는 결혼생활을 하지 말고, 당장은 힘들고 어렵더라도 진짜 행복한 결혼생활을 하는 방법을 찾아나가는 것이 부부로서 현명한 방법일 것이다.

08

결혼은 현실이다

결혼 전에는 눈을 크게 뜨고
결혼 후에는 눈을 반쯤 감아라.

— 토마스 플러 —

"결혼은 현실이다."라는 말을 많이 들어봤을 것이다. 결혼 후 초반에는 그냥 같이 있는 것만으로도 너무 좋아서 그런 부분에 대해서 잘 생각하지 못했다. 그렇지만 시간이 지날수록 나도 똑같은 사람인지라 점점 왜 사람들이 결혼은 현실이라고 하는지 깨닫게 되었다.

결혼하면 가장 먼저 변하는 것이 나에게 부모님이 한 분 더 생기는 것이다. 나의 시부모님은 나에게 편하게 잘 대해주시지만 그렇다고 시부모님이 나의 부모님이 될 수는 없다는 것을 느꼈다. 물론 새로운 가족에 적응하는 데 시간도 걸리겠지만, 내가 모르는 어른이 갑자기 나의 부모님과도 같은 존재가 된다는 것이다.

며느리들 대부분은 시부모님과의 관계가 편하지만은 않다. 결국에는 잘 보이고 싶은 마음이 부담감을 만들어내는 것이 아닐까. 나는 내가 어린 나이에 결혼해서 그런지 할 줄 아는 게 아무것도 없었다. 그래서 남편과 둘이 있으면 내가 못하는 게 있어도 괜찮았는데, 시부모님 앞에서는 그게 아니었다. 집안일을 잘하는 며느리가 되어야 했고 무엇이든 척척 잘 해내는 며느리가 되어야 했다. 그래서 내가 못하는 부분에 대해서 너무 부담스러웠다. 알게 모르게 눈치가 보였다.

보통은 며느리가 아무리 잘해도 딸이 아닌 이상 못마땅해하신다. 내 아들을 빼앗아갔다는 생각이 드셔서 그런 것 같다. 눈에 넣어도 안 아픈 내 아들 밥은 잘 먹는지, 아픈 곳은 없는지 걱정하신다. 남편이 밥도 제대로 못 먹어 야위어 간다거나, 어디 아프기라도 하면 다 며느리 탓만 하신다. 이런 문제들에서 오는 갈등이 시부모님과 며느리와의 관계를 더 멀어지게 한다.

나는 며느리가 아무리 노력해도 시부모님의 딸이 될 수 없다고 생각한다. 부모님과 시부모님은 다르다. 시부모님과 행복한 관계를 맺을 수 없다면 문제를 안 만들어 적정 거리를 유지하는 게 오히려 현명한 방법이라고 생각한다. 결국에 가까워지지 못할 거라면 멀어지지라도 말자는 말이다.

시부모님에게는 며느리가 효도하는 것이 아니라 남편이 효도하는 것이 맞다. 남편은 잘 기억해야 한다. 며느리에게 효도하기를 요구하지 말자. 양가 모든 부모님께 효도하지 못할 것이라면 각자의 부모님께라도 잘하는 것이 백 번 천 번 낫다.

결혼한 여성에게는 자식을 낳아야 한다는 의무감이 조금씩은 있을 거라고 생각된다. 나는 주위 어른들에게 "젊었을 때 일찍 자식을 낳을수록 여자한테 좋다. 회복력도 빠르고 자식을 키우는 데 있어서 힘든 것도 덜하다."라는 말을 들었다. 그리고 나는 내가 일찍 결혼한 것이 자식을 낳는 점에서는 정말 좋다고 생각했다. 어차피 낳아야 하는 자식이라면 빨리 낳고 내가 하고 싶은 일을 해야겠다는 생각밖에는 없었다.

그런데 독일로 유학 겸 이민 준비를 하면서 자녀를 낳는 것이 점점 늦어졌다. 독일 가면 언어도 익혀야 하고 석사 입시 준비도 해야 하기 때문에 임신과 출산의 순위가 점점 뒤로 밀려났다. 남편의 입장은 이왕 독일로 이민 가는 거 독일에서 출산해서 자녀들에게 독일의 시민권도 얻게 해주고 싶다고 했다. 나는 독일의 세금은 놀랄 만큼 비싸지만 우리가 받을 수 있는 혜택도 많기 때문에 남편의 말에 동의했다.

코로나19로 인해 독일 이민을 준비하고 있던 우리에게도 혼란스런 시간이 다가왔고 결국 당장은 이민을 포기하고 우리가 할 수 있는 일을 찾아서 움직이고 있었다. 그런데 어느 날 시댁에서 저녁 식사를 마친 뒤 시아버지가 우리 부부에게 결혼한 지 3년이 지났는데 아이 소식이 없다며 아이는 언제 낳을 건지 계획을 물으셨다. 남편의 외할아버지도 시아버님께 계속 물어보셨던 모양이다.

남편이 시아버님께 "우리가 성공하면 그때 아이를 갖겠다."라고 차분하게 설명했다. 여기서 말하는 성공의 의미는 직장과 경제적인 능력이 아니었을까 싶다. 옆에서 남편의 말을 듣고 있던 나는 솔직히 너무 답답했다. 아이를 안 낳는 것이 마치 내 책임인 것처럼 느껴졌기 때문이다. 당장 우리의 현실과 직장이 불안한데 손주를 이야기하면 안 된다는 식으로 "아버님, 당장 우리 먹고살 돈도 없어져가는데 손주는 어려울 것 같습니다. 우리가 자리를 잡고 안정적인 생활을 할 수 있을 때까지만 기다려주세요."라고 말씀드렸다. 나의 말을 들은 시아버지는 잠시 동안 아무 말씀도 하지 않으셨다. 나는 그 짧은 시간이 너무 불편했다. 안 낳고 싶어서 안 낳는 게 아닌데 억울한 마음도 들었다.

나는 그때의 대화를 통해 내가 부담스러워할까 봐 나에게 직접적으로는 말씀하시지 않으셨지만. 그래도 부모된 마음으로 손주를 기다리시는 시댁 어르신들의 마음을 느꼈다. 나는 물론 나와 남편 그리고 가정의 미래를 위해서 자녀를 잠시 미루고 있는 것이지만, 누군가는 자녀를 너무 기다리고 있는데 임신이 되지 않는다면 얼마나 마음고생이 심할까 하는 생각을 했다.

나의 말을 들은 시아버지는 목소리를 내는 며느리에게 적지 않게 당황하셨을 수도 있다. 그래도 우리의 현실을 알아주셨으면 하는 마음에서 목소리를 낼 수밖에 없었다. 결혼하면 부모님들께서는 당연히 손주들을 원하신다. 혼수는 손주들이라는 말이 만들어질 정도이다. 부모님의 입장을 헤아리면 이해가 안 가는 것은 아니지만, 결혼하면 의무적으로 손주들을 낳아드려야 한다는 사회적인 분위기가 형성되지 않았으면 한다.

집안일은 같이 하는 것이 당연한 일이다. 맞벌이 부부라면 더욱 같이해야 하는 부분이고 아내가 가정주부여도 집안일은 분담해서라도 같이 해야 하는 일 중 하나이다. 가정주부인 아내를 둔 남편들은 "왜 나는 회사 생활도 하고 집안일도 해야 하는 겁니까?"라는 불만을 이야기할 수 있다.
그렇지만 집안일은 하고 안 하고를 비교하는 것이 아니다. 양의 차이를 비교해야 한다. 결국 집안일은 누군가는 많이 하고 누군가는 적게 하더라도, 같이 해야 한다는 의미이다. 집안일을 같이 하게 되면 몸은 힘들 수 있지만, 집안의 구성원, 내가 책임져야 할 가정이라는 마음이 들 것이다. 그리고 신혼 때보다 자녀가 태어나면 집안일은 폭풍이 몰아치는 정도로 불어난다. 그렇기 때문에 신혼 때부터 집안일을 나눠서 하며 적응하는 시간이 필요하다.

남편이 군인으로 일을 하고 있을 때나 전역을 해서 집에 있을 때나 내가 요리를 하면 항상 고맙다는 말을 하고 밥을 먹고 설거지는 남편이 꼭 해주었다. 나는 설거지를 해주는 남편에게 감사한 마음이 있었지만, 남편이 설거지를 해주는 것은 당연한 일이라고 생각했다. 대개 남편들은 결혼했다는 이유만으로 아내가 요리하고 집안일을 하는 것이 당연한 것처럼 말을 하는데 절대 그렇지 않다.

집안일은 남편, 아내를 막론하고 원래 내가 해야 하는 일인데 배우자가 나 대신 해주는 것이라고 생각해야 한다. 그러면 감사한 마음을 가지게 되고 오히려 같이 일하게 된다. 그리고 배우자가 집안일을 하고 있을 때 칭찬 한마디는 필수이다.

나는 남편이 설거지하고 있으면 옆에 다가가서 "오빠, 설거지 정말깨끗하게 잘한다."라고 한마디하며 칭찬을 아끼지 않는다. 나의 말을 들은 남편은 설거지하며 이렇게 말했다.

"사람을 부리는 재주가 있네. 아내의 칭찬으로 남편이 움직인다."

이렇게 집안일은 같이 할 수 있는 일이고 같이 할 때 더 행복해진다. 그렇다고 집안일을 하나부터 열까지 전부 다 나눌 수 없지만, 나눌 수 있는 것부터 하나하나 나눠가면서 각자 집에서 해야 할 일들이 무엇이 있는지, 내가 잘할 수 있는 일은 무엇인지 생각해봐야 한다. 집안일을 같이 하며 한 사람이 져야 할 부담감을 조금이라도 덜어주는 현명한 부부가 되길 바란다.

"결혼은 현실이다!"라는 말은 맞다. 인정하고 싶지 않겠지만, 결혼해 본 사람은 자연스럽게 인정하게 된다. 그렇기 때문에 내가 마주해야 할 현실을 피하는 것이 능사는 아니다. 내가 선택한 현실을 받아들이고 행복한 삶을 살아가기 위해 내가 할 수 있는 것들을 찾아가야 한다.

결혼 전에는 눈을 크게 뜨고 내가 결혼할 상대를 찾아야 한다. 찾아서 결혼한 후에는 나의 모습이 많이 드러나지 않도록, 그리고 나와 맞지 않는 모든 것을 최대한 보지 않도록 눈을 반쯤 감아야 한다. 그것이 내가 선택한 결혼생활에 조금이라도 행복을 더한 생활을 할 방법이다.

2장

화성에서
온 내 남자

01

이렇게 소심한 남자였다니!

결혼해서 살다 보면 다르다는 것을 느끼게 된다. 지금까지 각자 살아온 방식이 달랐기 때문에 맞을 수 없다. 결혼하기 전부터 나는 남편과 내가 다르다는 것을 이해했고 인정하려고 노력했다. 각자의 살아온 방식이 다르기 때문에 안 맞는 부분은 맞추어가려는 노력이 필요하다고 생각한다. 노력의 첫 번째는 나와 배우자가 무엇이 다른지 알아가는 것이다.

연애할 때는 몰랐지만, 결혼하고 알게 된 남편의 성격이 있다. 남편은 생각보다 소심한 남자였다. "결혼하기 전까지는 상대방을 알 수 없다."라는 말이 이제는 깨달아진다. 결혼한 후의 남편의 모습을 통해서 나는 더 남편을 알아가고 파악하며 "원래 이런 모습을 가진 사람이었는데 잘 숨겨왔다."라는 것을 알게 되었다. 결혼하기 전에 상대방에 대해서 모든 것을 안다고 말하지 마라. 결혼하기 전에는 상대방에 대해서 아무것도 알 수 없다. 결혼 전 내가 상대방에 대해 알 수 있는 것은 외모에 대한 것이 전부라고 해도 과언이 아니다.

남편은 특히 자신의 단점이나, 고쳐야 할 점을 말해주면 의기소침해진다. 물론 남편뿐만이 아니라, 사람들은 자기의 단점이나 고쳐야 할 점을 들으면 기분 나빠하거나 의기소침해지는 경우가 있다. 남편도 사람이기 때문에 마찬가지이다. 그래도 다행인 것은 내가 고쳐야 할 점에 대해서 말하거나, 단점에 대해서 말하면 이해하고 인정하려고 노력한다는 것이다. 하지만 나의 말을 한 후 남편의 얼굴을 보면 '내가 너한테 이런 말을 들어서 기분이 좋지 않다.'라고 생각하는 것이 너무 표가 난다. 그래도 나는 남편에게 끝까지 이야기한다. 나와 평생을 함께해야 할 남편이기 때문이다.

상대방의 기분을 생각해서 내가 참고 말하지 않는다면 나는 그 일에 대해서 평생 참고 살아가야 한다. 평생 참고 갈 수 있는 것이 아니라면 신혼생활 할 때, 아니면 최대한 빨리 말해두는 것이 나에게 편하고 서로에게 좋다. 시간이 지날수록 상대방의 말과 행동을 고치기란 하늘의 별 따기이다. 사람은 나이가 들수록 고집이 세지기 때문이다.

여기서 중요한 것은 배우자가 말하는 것이 기분이 나빠도 이해하고 인정해주어야 한다는 것이다. 나를 위해 해주는 말이라고 받아들여야 한다. 나 혼자 잘살자고 말하는 것이 아니다. 함께 잘살아보자고 말하는 것이니 내가 고쳐야 할 부분을 고쳐주어야 한다. 무엇보다 말하는 사람은 절대 상대방의 기분을 나쁘게 말해서는 안 된다. 상대방이 최대한 기분 나쁘지 않는 선에서 감정에 힘을 살짝 빼고 말해야 한다. 자칫 잘못하면 싸움으로 번질 수 있다.

우리 집은 나름대로 화목한 집안이라고 생각한다. 나의 마음 상태에 따라 보는 눈이 다르겠지만, 남편의 집안의 느낌은 우리 집보다는 다소 딱딱한 느낌이었다. 내가 옆에서 남편이 말하는 것을 보고 있으면 부모님께 해야 할 말을 하기까지 너무 오랜 시간이 걸리는 것 같다. 말을 하기 전까지 생각을 재고 있는 사람처럼 어려워하는 것이 느껴졌다.

나는 결혼하면 시댁에서는 남편의 중간 역할이 중요하고 친정에서는 아내의 중간 역할이 중요하다고 생각한다. 두 사람이 결혼해서 가족이 된다고 하지만 그래도 부모님과 같이 사는 것이 아니라면 양가 부모님의 마음을 100% 헤아려드릴 수 없다. 부부가 양가 부모님과 배우자의 사이에서 중간 역할을 제대로 하지 못한다면 힘들어지는 것은 배우자이며 나 자신이다. 부모님 사이에서 중간 역할을 해주지 않으면 오해가 생길 수 있다. 그렇기 때문에 배우자가 중간 역할을 잘 해주지 못한다면 자신이 부모님과 소통하는 게 오해가 생기는 것보다 훨씬 낫다.

나는 시부모님께 해야 할 말은 하는 편이다. 내가 생각해서 말씀드리는 것이 오히려 나의 마음을 정확하게 전달할 수 있고 오해가 없어서 훨씬 편하다. 그리고 나의 시부모님은 나의 이야기를 잘 들어주시는 편이시다. 그래서 나는 시부모님께 스스럼없이 말을 잘할 수 있는 것이다. 나와는 반대의 상황이어서 나에게는 조금 부담스러운 시부모님이기 때문에 '내가 시부모님께 말씀드려도 될까?'라는 생각을 하고 있다면 앞으로는 직접 말씀드릴 수 있도록 노력해보자. 처음이 어려워서 그렇지, 하다 보면 내가 직접 의사소통하는 것이 훨씬 편하다는 것을 느낄 수 있다. 그리고 직접 말하는 것이 부모님들의 이해도도 높다.

어느 날 남편과 이야기를 하다가 내가 생각하는 것과 남편이 생각하는 것은 또 다르다는 사실을 알았다. 남편은 "나 부모님께 오히려 팍팍 말씀드리는데?"라고 했다. 그래도 나의 남편은 아예 말을 못 하는 것도 아니고 시댁에서 중간 역할을 잘 해주려고 노력하기 때문에 나은 편이다. 항상 부모님 말씀에 아무 말 못 하는 아들이라면, 그 며느리는 얼마나 힘들지 상상도 안 간다. 결혼을 했다면 자식의 목소리도 있지만, 남편으로서 내야 할 목소리를 내주는 것도 필요하다.

아무리 좋은 사람이라도 같이하는 생활 속에서 안 맞는 부분이 있기 마련이다. 남편은 내가 하는 말과 행동에 기분 나쁜 것이 있으면 입을 닫아버린다. 혼자 갑자기 조용해진다. 나는 말을 하다가도 남편이 입을 닫아버리면 무엇인가가 잘못되었다는 것을 직감한다. 한편으로는 남편이 기분이 나빠진 순간에 당장 화를 내지 않고 입을 닫아버려서 그런지 우리 부부는 다른 부부들보다는 싸움이 덜하다.

나는 남편과 정반대의 성격을 가졌다. 나는 기분이 안 좋아지면 그 자리에서 바로잡아야 직성이 풀리고 나의 마음 상태가 힘들면 잘못을 따져야 하는 성격이다. 그래서 나는 기분이 나쁠수록 말이 더 많아진다. 나의 불편한 감정들을 빨리 해결하려고 한다. 이런 상황들 속에서 남편은 입을 닫아버리니 결혼하고 이런 일이 생기면 너무 답답했다. 그래서 나는 입을 열지 않는 남편에게 나의 말만 쏟아내었다. 그러고는 각자의 방에서 시간을 가졌다. 한두 시간이 지나면 남편은 마음을 추스르고 생각이 정리되었는지 나에게로 살금살금 다가온다. 나는 당시에 화가 나 있는 척을 한다고 말하지 않았지만 그렇게 불쌍한 눈을 하고 다가오는 남편이 너무 귀여웠다.

생각이 정리된 남편은 결국 날 안아주며 "내가 미안해~."라는 말을 한다. 결국 남편의 사과 한마디면 끝날 일이다. 그 당시에도 사과 한마디면 끝나는 일을 이렇게 질질 끄는 걸 보면 이런 게 남자의 자존심인가 하는 생각도 들었다.

처음에는 남편이 입을 닫아버리는 것이 너무 힘들었다. 나는 빨리 이야기를 하고 풀어야 하는데 남편은 아무 말도 안 하고 있으니 말이다. 그렇지만 남편의 성격을 파악하고 난 후에는 남편을 기다려주었다. 너무 화가 날 때도 있었지만, 나도 말을 아끼고 감정을 정리하는 시간을 가졌다. 내 마음을 다스리는 연습을 했다. 나의 마음 상태를 남편에게 어떻게 설명해야 남편이 잘 이해할 수 있는지 생각했다. 감정이 상하면 입을 닫아버리는 남편을 보면서 마음이 불편하고 감정을 다스리기 힘들 때 나도 조용히 마음과 감정을 정리하는 시간을 가지니 결과적으로 더 좋은 효과를 낸 것 같다.

나는 남편의 성격에 소심한 부분도 있다고 생각한다. 나와는 성격이 반대이다. 그래도 내가 선택한 사람이기 때문에 소심하다고 멀어지는 것이 아니라 옆에서 더 많이 알려주고 말해주어야 한다고 생각한다. 나는 남편과 다른 성격이라 남편을 보면 "이렇게 생각하고 반응하는구나." 생각하며 신기할 때도 있다. 나와 성격이 다르다고 해서 나쁜 것만은 아니다. 상대방을 더 알아가려고 노력하기 때문에 더 많이 배려하게 된다. 연애할 때와는 또 다른 새로운 사람을 알아가는 것 같아서 재밌는 부분도 있다. 성격이 다른 것이지, 틀린 것이 아니니 이해하고 맞추어 살아가려고 노력한다면 충분히 행복한 부부생활을 할 수 있다.

02

남편이 남의 편이 되는 순간 싸움은 시작된다

결혼이란 상대를 이해하는
극한점이다.

— 팔만대장경 —

모든 상황과 관계 속에서 항상 내 편이 되어줄 줄만 알았던 남편이 나의 편이 아니라면 부부 관계는 큰 상처로 물든다. 물든 상처는 곪고 머지 않아 곧 깨어질 것이다. 외부에서 오는 문제를 해결하기 위해 부부가 서로 힘을 합치지 않는다면 부부는 쉽게 흔들릴 것이다. 부부도 사람이기 때문이다.

내가 남편을 선택한 이유 중 하나는 담배와 술을 안 하기 때문이었다. 내가 생각했을 때 남자는 이것만으로도 여자들에게 눈길을 살 수가 있다.

결혼해서 담배만 안 피워도 술만 안 마셔도 남편과 싸울 일을 훨씬 줄일 수 있다. 친구 B의 남편이 술을 마시고 집에 늦게 들어올 때면 나에게 전화를 했다. 친구 B는 남편에게 하고 싶은 말을 나에게 하며 하소연했다.

"나보다 술이 더 좋냐?"
"나보다 밖에서 친구 만나서 노는 게 그렇게 좋냐?"

친구 B의 말을 들은 나는 친구를 생각하면 '안됐다.' 싶다가도 속으로 혼자 생각했다. '남편을 잘못 선택한 너의 탓이다!' 그렇지만 사랑이 뭐라고 연애하고 결혼할 때는 눈에 콩깍지가 씌어서 그 사람이 좋은 사람으로 밖에 보이지 않았는걸.

친구 B는 항상 나를 먼저 신경 써주는 좋은 남편을 둔 나를 몹시 부러워했다. 이 말을 듣고 나는 100% 맞다는 말이 바로 튀어나오지는 않았지만 그래도 맞다는 뜻으로 고개를 끄덕여줬다. 친구 B는 남편이 자신에게 관심이 없는 것 같다며 항상 자기 편이 아닌 다른 것, 다른 사람들의 편이라고 속상해했다. 술 편, 친구 편, 부모님 편.

"결혼해서 남편이 내 편을 안 들어주면 내 편을 들어주는 사람은 누가 있을까?"라는 말을 하는 친구 B의 말을 들으며 나는 너무나 속상했다.

그러면 결혼이나 하지 말지, 결혼을 안 했으면 당장은 이런 걱정 안 하고 혼자 편하게라도 잘 살았을 텐데. 나는 친구의 말을 들으며 나는 진짜 남편 잘 만났고 사람 만남의 복이 있는 것 같다는 것을 많이 느꼈다. 지금까지 내가 만났던 사람들을 보면 감사가 절로 흘러나온다.

나는 얼마 전 지인 A씨와 이야기를 나누게 되었다. 자녀 교육에 대한 문제였다. 아내는 지금은 아이가 어려서 자유롭게 놀게 놔둔다고 하지만, 아이가 점점 학년이 올라갈수록 영어 학원이나, 공부 학원을 보내야 되지 않을까 하고 고민을 하고 있다는 것이다. 그런 고민을 갖게 된 계기는 아내도 원래 아이를 자유롭게 키우고 싶었지만, 주위 아이들을 키우는 여러 엄마들과 나눈 대화에서 비롯된 것이었다. 이제는 더는 그렇게 하면 안 될 것 같은 생각이 들었다. 그래서 남편과 자녀 교육에 대한 문제를 이야기했다.

아내는 남편에게 자녀 교육에 관해 이야기를 꺼내기 힘들어 했던 이유가 있다. 남편은 아이를 자유롭게 놀리면서 키우자는 의지가 확고한 사람이었다. 자녀 교육에 있어서는 한 치의 양보할 마음이 없다는 것을 누구보다 아내가 더 잘 알고 있었다. 남편이 그렇게까지 자녀 교육에 대해 확고한 이유는 남편은 자식의 인생을 부모가 정해주지 않았으면 하는 마인드를 지녔기 때문이었다.

아내는 남편에게 조심스럽게 영어 학원 이야기를 꺼냈다. 남편은 내키지는 않았지만 아내의 이야기를 들어주려고 노력했다. 그래서 아내의 생각을 듣고 남편은 깊은 생각에 빠졌다. 한참을 생각하다 남편은 옆에서 블럭 놀이를 하고 있던 아들에게 물었다.

"아들아, 너는 영어 공부하는 게 좋아, 노는 게 좋아?"
"어, 놀이터에서 노는 거."

남편은 지금 아들에게 필요한 것은 뛰어놀고 모든 사람이 평등하게 배울 수 있는 그런 교육이고 배워야 할 것, 알아야 할 것을 아는 것만으로도 충분하지 않냐라는 말을 했다. 남편의 말을 들은 아내는 남편에게 아무 말도 할 수가 없었다. 나는 A씨의 말을 들으며 자녀 교육의 문제에 있어서도 미리 남편과 이야기를 많이 해야 된다는 것을 느꼈다. 남편이 아내의 생각도 무시할 수는 없지만 자녀에 대한 애정이 누구보다 더 컸기에 아내 말을 쉽게 따를 수 없었다. 둘의 대화는 답을 내리지 못한 채 끝이 났다.

나는 A씨의 말을 들으며 우리 부부는 자녀 교육에 대한 생각이 같아서 참 다행이라고 생각했다. 처음 독일 이민을 선택한 이유 중 가장 컸던 것이 자녀 교육은 유럽에서 하고 싶다는 생각이었다. 한국에서 성적순으로 행복한 삶을 사는 것보다 유럽에서 진짜 행복한 삶이 무엇인지 알려주고 싶었다. 한국에서 공부, 공부, 1등, 1등 하는 것보다, 유럽에서 왜 공부를 해야 하는지, 아이에게 주어진 환경들을 자유롭게 선택할 수 있는 기회를 주고 싶었다.

결혼하고 당장은 자녀가 없더라도 자녀 교육에 관해 가끔씩은 의견을 서로 나누는 것이 좋다. 그래야 진짜 자녀가 생기고 자녀에게 도움이 필요할 때 감정노동을 하지 않고 많은 도움을 줄 수 있을 것이다.

어느 날 나의 친구 A가 늦은 밤 전화하여 나에게 하소연을 했다.

"오랜만에 남편이랑 외출하고 있는데 갑자기 전화도 없이 시어머니가 우리 집으로 찾아오신 거야. 우리는 오랜만에 외출이라 분위기 좋은 레스토랑에서 저녁 먹고 데이트도 하고 집에 들어가고 싶었는데 시부모님이 오셨다는데 어쩌겠어. 빨리 집으로 와야지. 그래, 시부모님이 오신 것까지는 괜찮았어. 그런데 인사드리고 이야기를 나누다 말고 갑자기 냉장고를 열어보시더니 이게 뭐냐, 저게 뭐냐 지적하시면서 나한테 물어보시는 거야. 나는 그 지적을 당하는 것만으로도 시어머니한테 쪽팔려 죽겠는데 거기서 남편이 시어머니 말에 동조하면서 날짜가 지난 것도, 버려야 할 것도 많다며 불난 집에 부채질하기 시작하는 거야. 나도 회사 다니

느라 힘들어 죽겠는데 남편은 집안일 아무것도 하지도 않으면서 시어머니랑 그렇게 나를 몰아가도 되는 거야? 남편은 진짜 양심이라는 건 없는 것 같아. 나 너무 화가 나서 집 밖으로 뛰쳐나오고 싶었다니까."

나는 친구의 말을 들으며 그때 나라도 집 밖으로 뛰쳐나오고 싶다는 생각이 들었을 것 같다. 그래서 나는 친구 편을 들어주어야겠다고 생각해서 남편을 같이 욕해줬다.

"남편 진짜 장난 아니다. 시어머님이 오신 것은 그렇다 쳐도 남편이 엄마 옆에 꼭 붙어서 같이 지적을 하고 있으면 안 되지. 오히려 A가 요즘 일이 바빠서 집에 늦게 들어오면 조금 힘들어서 그런 거라고 핑계라도 대서 아내 편을 들어줘야지 같이 엄마랑 같이 너를 그렇게 몰아가도 되는 거냐? 남편은 집안일에 손 하나 까딱 안 하면서 장모님 모셔와서 말하면 찍소리도 못할 거면서 시어머니 오셨다고 기세등등이다. 그렇게 같이 욕할 거면 부엌일 다 남편한테 하라고 해!"

친구 A의 입장이 나의 입장이 되었다고 생각하니 나는 흥분을 감추지 못하였다. 나에게 일어난 일이 아니라서 친구 A의 마음을 100% 이해해 줄 수는 없겠지만, 나뿐만 아니라 모든 며느리가 이런 이야기를 들었을 때 마치 내 일처럼 이해해주고 공감해줄 수 있을 것이다. 남편이 나의 편이 아닌 어머님 편인 그 순간만큼은 남편을 한 대 때려주고 싶은 마음일 것이다. '내 남편 맞아?' 하는 생각이 들 것이다. 아내에게 버림 받고 싶지 않은 남편들은 부모님 앞에서는 무조건 '아내 편!'이어야 한다. 마치 '1+1=2'라고 당연스럽게 입에서 튀어나오듯 아내 편이 되어주어야 한다. 그것만이 아내에게 사랑받을 수 있는 길이다.

남편이 내 편이 아니라고 생각되는 순간 어쩌면 부부는 남이라고 느낄 것이다. 의견이 충돌할 때, 부부 사이가 아닌 그 외 것들에 대해 마찰이 생길 때 아내는 남편이 나의 편이 되어줬으면 하는 생각을 할 것이다. 이것은 반대로 생각해도 마찬가지이다. 부부는 무슨 일이 있어도 평생을 함께하겠다고 약속한 사이다. 평생을 함께하기 위해서 필요한 것은 딱 하나이다. 서로가 서로의 편이 되어주는 것, 배우자를 끝까지 이해해주고 변함없는 사랑을 주는 것. 이것이 전부다. 우리는 다 알고 있다. 다 알고 있는 것을 익숙함에 속아 그 소중함을 잊으려고 한다. 그런 바보 같은 사람이 되지 말자. 더 많은 것을 바라는 것이 아니다. 우리가 알고 있는 딱 그만큼만 해도 평생 행복하게 살아갈 수 있다.

03

알고 보니 남편은 나무늘보였다

사랑은 자신 이외에 다른 것도
존재한다는 사실을 어렵사리 깨닫는 것이다.

— 아이리스 머독 —

사람마다 외모도 다르고 성격도 다르다. 결혼하면 각자가 가지고 있는 성향이 다르기에 답답해하고 힘들어하는 경우가 많다. 우리가 이런 점을 다 이해하고 맞추어 살아가기란 힘들다. 그렇지만 배우자의 모습 그대로를 인정해주어야 한다. 그것이 내가 배우자를 온전히 알아가는 데 힘쓰는 방법이다.

나는 남편을 동물로 표현한다면 나무늘보라고 표현할 것이다. 나의 성격은 엄청 급하고 참을성 없고 그런 정도는 아니다. 나보다 조금 느린 남편을 살짝 답답해하는 정도이고 남편보다는 살짝 빠른 정도이다. 내가 남편에게 집안일을 부탁하면 살짝 귀찮기는 하더라도 하기 싫어하는 것은 아닌 것 같은데, 시작하기까지가 시간이 오래 걸린다.

나는 남편을 포함한 누군가에게 부탁을 받으면 어차피 내가 해야 할 일이니 빠르게 끝내고 다른 일을 하는 게 마음이 편해서 빠르게 끝내는 편인데 남편은 나와 많이 다르다. 남편은 무엇을 하고 있으면 그것이 끝나기 전까지는 일어나지 않는다. 이런 점에서 나와 달라 그렇게 느리다고 느끼는 것일 수도 있겠다.

예를 들어 남편은 밥을 먹고 나면 설거지를 해주곤 하는데, 설거지를 해주는 것은 감사한데, 설거지하려고 고무장갑을 끼는 시간까지가 오래 걸린다. 누가 보면 그래도 설거지해주는 남편이랑 살아서 부럽다고 할 수 있다. 그리고 배부른 소리 하지 말라며 자기 남편에 비하면 모시고 살아야 할 남편감이라고 이야기한다. 사람마다 생각하는 배우자의 모습이 있으니까 다 다르다고 생각한다. 나는 이왕 해줄 거 빨리해줬으면 하는 마음이 있는 것이다. 가끔은 내가 하는 게 더 빠르겠다고 느끼면 그냥 내가 해버리는 경우도 있다.

나는 남편이 느리게 일하지만, 남편이 하는 집안일이 좋다. 왜냐하면 일을 부탁하면 시간은 오래 걸릴지라도 완벽하게 잘해놓는다. 특히나 화장실 청소를 하면 군인 출신이어서 그런지 남편이 청소하고 나오면 화장실 세면대, 거울 등이 반짝반짝하다. 그래서 나의 부탁을 끝낸 남편에게 감사의 표시로 엄청 멋지고 깔끔하게 잘했다며 아낌없는 칭찬을 해준다. 나는 남편의 말대로 사람을 부리는 재주가 있는 것 같다. 느린 남편이지만 남편도 집안일을 하면서 아내를 도와줄 수 있는 사람이라는 것에 뿌듯함을 느낄 것이다. 남편들이 말을 안 해서 그렇지 함께 집안일을 하는 것도 좋다고 생각할 것이다. 함께 집안일을 하며 가정에 소속감을 느낄 것이다.

연애와 결혼은 차원이 다르다. 이것은 주위에서 백날 말해봤자 본인이 경험해보지 못하면 절대 공감할 수 없는 부분이다. 연애와 결혼이 다른 것처럼 연애할 때는 상대방의 성격을 100% 알 수 없고 결혼하면 배우자가 어떻게 날 대할지 모른다. 그래서 결혼하면 상대방의 성격을 빠르게 파악해가는 과정이 필요하다.

상대방의 성격을 파악하는 방법 중 한 가지는 집안일을 같이 해보는 것이다. 하나의 집안일을 같이 하면서도 여러 가지의 배우자의 반응을 볼 수 있다. 무시할 수도 있고 짜증을 낼 수도 있고 귀찮아할 수도 있고 함께 하는 것을 좋아할 수도 있다. 이런 반응들을 보면서 앞으로 집안일을 어떻게 분담할지 생각해보는 것도 좋다.

그리고 집안일을 같이 하면서 집안일에 관해 대화를 해보는 것이 중요하다. 대화는 사람의 감정과 생각을 직접적으로 표현하는 수단이 되기 때문에 성격을 빠르게 파악하는 데 많은 도움이 된다. 이 일을 어떻게 해나가는 것이 좋을지, 어떻게 하면 빨리 해결할 수 있는지 등 여러 가지 대화를 통해 이 사람의 성격을 빠르게 파악할 수 있다.

집안일에 대한 대화를 통해 배우자의 성격을 파악하여 앞으로 우리 부부가 어떻게 함께 살아갈지 방향을 맞춰야 한다. 부부의 모든 방향성을 맞추어 나간다면 10년, 20년 할 고생을 미리 예방할 수 있게 된다. 사실 신혼 때는 이것만 해도 성공한 신혼생활을 보낸 것이라고 해도 과언이 아니다.

나의 남편은 함께 하는 것을 좋아하고 잘 도와주는 성격이었다. 그래서 설거지도 해주고 빨래 널고 정리하는 것까지 나를 잘 도와주었다. 결혼하고 얼마 지나지 않아 요리해준다고 크림 리조또를 만들어준 적이 있었는데, 솔직히 남편한테는 확실하게 표현은 안 했지만 너무 맛이 없었다. 남편의 요리는 내가 못 먹을 정도여서 요리는 꼭 내가 한다. 남편이 요리하는 것을 좋아하고 잘했더라면 내가 더 편했을 텐데 그 부분은 조금 아쉽다.

그리고 남편은 조용하고 혼자 있는 것을 좋아하는 성격이다. 그래서 결혼하고 초반에는 내가 혼자 어딜 가나 이해해주고 집으로 빨리 들어오라고 성을 낸 적이 한 번도 없다. 그래서 내가 밖에 있는 시간 동안 너무 편했다. 결혼 초반에는 배우자의 귀가 시간으로 인해 싸우는 일이 종종 생길 텐데 그러지 않아서 싸우는 일을 줄였다. 이렇게 상대방의 성격을 파악해놓으면 싸울 일들을 줄일 수 있고 배우자를 더 알아가게 되어 이해를 해줄 수 있는 범위가 점점 넓어진다.

나는 가끔 남편이 느려서 좋은 점들을 생각한다. 생각보다 좋은 점들이 있다. 내가 생각했을 때 가장 좋은 점은 내가 늦었을 때 잘 기다려준다는 것이다. 보통 부부가 함께 약속 장소에 갈 때, 아무래도 남자보다는 여자들이 준비 시간이 오래 걸린다. 그리고 준비를 다 했다고 생각했지만 나가기 전에 더 챙겨야 할 것들이 생각났을 때 뒤늦게 챙기다 보면 지금 빨리 출발해야 하는데 출발하지 못하는 경우가 있다.

나도 이럴 때가 가끔 있어서 늦는 경우가 있는데 남편은 지금까지 늦었다고 성화하며 빨리 나오라고 한 적이 단 한 번도 없다. 내가 준비하고 나올 때까지 아무 말도 하지 않고 끝까지 기다려준다. 약속 장소에 가기 전 빨리 안 나오느냐는 이유로 많이 싸우기도 하고 싸우고 가면 기분도 안 좋은데 그런 일이 없어서 너무 감사하다. 그리고 남편은 "여자가 준비

할 게 많으니까 당연히 시간이 많이 걸리지." 하면서 나를 이해해주는 말을 한다.

남편은 행동이 느려서 그런지 쉽게 흥분하지도 않고 차분한 사람이다. 그래서 다소 쉽게 흥분하는 나를 다독여준다. 보통은 남편이 흥분을 해서 아내가 다독여주는 경우가 많은데 나는 그 반대라서 편하다. 남편은 놀이를 위한 용품을 좋아하지만 나는 고가의 물건들을 좋아한다. 휴대폰, 전자기기, 자동차 등 구경만 하러 가보자고 해도 내 마음엔 이미 사고 싶은 욕구가 강하게 든다. 그렇지만, 남편이 다른 곳과도 비교해보자고 말하며 내가 충동구매하지 않도록 중심을 잡아준다. 물론 남편의 입장에서도 필요하다고 생각하는 물건은 고민하지 않고 살 수 있도록 해준다.

다른 부부를 보면 남편의 물건을 살 때는 아무렇지 않게 사는데, 아내의 물건이나 집안의 물건을 살 때면 이런 게 필요한 물건이냐고 왜 사냐고 따지는 남편들을 많이 봤다. 정말 어이가 없는 남편의 모습들 말이다. 내가 이런 몰상식한 남편을 선택하지 않은 것에 대해서 너무나 칭찬하며 다행스럽게 여긴다.

내가 생각했을 때 남편은 나무늘보지만, 그렇기 때문에 서로를 더 이해해줄 수 있는 부분이 많고 서로를 알아가는 데 조급하지 않고 천천히, 더 깊이 알아갈 수 있음에 감사하다. 나는 남편을 보며 느린 성격과 행동이 어떤 부분에서는 좋은 것으로 작용한다는 것을 알게 되었다. 나와는 조금 다른 성격 때문에 힘든 부분도 있었지만, 이제는 남편을 더 많이 이해하고 사랑하게 되었다.

나와 성격이 다르다고 싸우는 사람들은 아주 어린아이와 같다고 생각한다. 이제는 다른 성격의 차이를 극복하고 더 좋은 에너지를 만들어내야 한다. 그것이야말로 진짜 행복한 부부이다. 함께 살아가기를 결정한 나의 선택을 후회하지 않는 삶을 살게 될 것이다.

남자는 영원히 철들지 않는다

결혼해서 아내가 남편을 보며 "아유 애다, 애."라는 말이 가끔 나올 때가 있다. 나는 남편과 궁합도 안 본다는 네 살 차이이다. 남편보다 네 살 어린 내가 남편을 봐도 이런 생각이 들 때가 있는데, 동갑이거나 연하와 결혼을 한다면 어린아이 한 명을 더 키우는 것과 같은 기분이 들 것이다.

남편은 로봇을 좋아해서 〈트랜스포머〉라는 영화를 참 좋아한다. 그리고 인생 영화는 '해리포터' 시리즈이다. 남편은 영화 보는 것 자체를 좋아하는데 힘들 때, 생각이 많을 때, 잠이 오지 않을 때 항상 영화를 본다.

남편과 마트를 같이 가면 남편은 장난감 코너, 야구용품이 있는 코너에서 항상 발길이 멈췄다. 결국 남편의 목적은 이것들은 사고 싶다는 것이다. 나는 남편에게 "이게 지금 당장 꼭 필요한 물건이야?"라고 묻는다. 남편은 나에게 "나중에 아이들이랑 야구 하려면 필요해."라고 하지만 그런 대답으로는 나를 설득할 수 없다. 남편도 결국 사고 싶은 물건을 내려놓는다.

이런 건 엄마와 아들 사이에 있어야 할 법한 일인데 남편과 이러고 있으니 한편으로는 웃기고 어이가 없다. 그래도 남편이 그 자리에서 갖고 싶은 물건을 꼭 사야겠다고 고집을 부리는 것이 아니어서 다행이라는 생각을 한다. 남편은 나보다 나이가 많아서 그런지 연애할 때는 엄청 듬직하고 멋지고 그랬다. 결혼하니 한편으로는 철없는 아이의 모습을 하고 있을 때가 있는 것 같아 "남자는 나이가 들어갈수록 철이 없어지는구나."라는 생각을 하게 된다.

와다 히데키 작가의 『철없는 남자는 늙지 않는다』라는 책이 있다. 나는 이 책의 내용을 보지 않아서 잘 모르겠지만, 제목만 봐도 너무 공감되었다. 한편으로는 철이 없고 아이와 같은 생각을 많이 하여 생각이 젊어지고 늙지 않는 것인가 하는 생각이 든다. 좋은 이유들로 늙지 않아야지, 철이 없다는 이유로 늙지 않는다면 그냥 늙는 게 인생에 더 나을 듯싶다.

나는 남편이 조금 늙어도 되니 철이 있는 남편이 더 좋다.

여자들은 남자와 이야기를 할 때 '어리다', '철없다'라는 생각을 할 때가 있다. 결국 이런 말을 하는 이유는 자라온 환경에서부터 시작되지 않았을까 하는 생각을 한다. 요즘 시대가 많이 변했다. 그래서 남녀 할 것 없이 철없는 생각과 행동을 하는 것 같다. 어린 나도 느끼는데 어른들은 얼마나 많이 느끼실까.

나는 남편에게 이런 말을 한 적이 있다. "요즘 젊은 청년들과 아이들은 생각하는 게 우리랑 너무 다른 것 같아." 나도 결혼하지 않았으면 청년의 나이라고 할 수 있지만, 결혼했다는 이유로 20대 초반의 젊은 청년들과 아이들을 평가의 눈으로 바라보게 되었다.

나는 학교 앞을 지나가면서 아이들이 부모님과 함께 하교하는 모습을 본 적이 있다. 그런데 아이의 가방, 우산까지 다 들어주는 모습을 보고 깜짝 놀랐다. 이렇게 어렸을 때부터 뭐든 다 해주고 들어주니 아이들이 아무것도 할 줄도 모르고 부모님의 그늘 아래 철없이 자란다는 생각이 들었다.

나는 아이들에게 피아노를 가르치면서 부모 교육에 대해 내 나름대로 깨달은 것이 있다. 아이들에게 잘해주는 것보다 무서운 건 무관심이고 무관심보다 더 무서운 것은 극성인 부모님이다. 1부터 10까지 다 해주는 삶이 아이들을 망가뜨리는 길임은 분명하다는 것을 깨달았다.

물론 극소수의 이야기지만, 요즘 20대 초반 청년 중 사회생활을 하다가 자신의 뜻대로 되지 않고 자신의 능력이 한없이 부족하다고 느껴지면 포기하거나, 스스로 목숨을 끊는 경우도 봤다. 자신이 원하는 대로 되지 않는 삶을 산다고 해도 하나밖에 없는 목숨을 끊는 것은 너무 어리석은 일이다. 이것이 다 어렸을 때 부모님이 힘든 일이라면 다 해주고 쉽고 편한 일만 하며 자라서 그런 일이 생긴다고 생각한다.

어렸을 때부터 부모님의 그늘 아래 자라온 사람들은 혼자는 할 수 없는 사람으로 성장한다. 그래서 나는 어린 마인드를 지닌, 옆에서 다 도와주어야 하는 사람, 무엇이든지 함께해야 하는 사람은 별로 좋아하지 않는다. 배우자를 선택할 때 이렇게 옆에서 다 해줘야 하는 사람들보다는 자신이 주체가 되어 생활하고 살아가는 사람을 선택하는 것이 훨씬 현명한 선택이라고 생각한다.

결혼 상대를 선택할 때 부모님을 선택하는 것이 아니다. 배우자를 선택하는 것이다. 나와 평생 살아갈 배우자를 선택했다면 부모님과는 다른 대우를 해주어야 한다. 배우자에게 부모님에게 하듯 한다면 배우자와 평생 함께 살아갈 수 없다. 배우자는 철없는 당신을 이해해 주는 부모님이 아니다.

내가 결혼하기 전 내 옆에 있던 선생님이 하신 말씀 중 이런 말씀이 있었다.

"남자는 나이가 많아질수록 고집이 세지니까, 일찍 결혼해서 나한테 맞춰 살 수 있도록 버릇을 들여놓으면 네가 편해."

나는 선생님의 말씀을 듣고 일리가 있다고 생각했다. 나의 모습만 봐도 그랬기 때문이다. 어렸을 때는 뭣도 모르니 부모님의 말씀을 잘 따랐다. 머리가 크고 나만의 생각이 생기고 나서부터는 부모님 말씀을 잘 안 들으려 하고 나의 생각과 고집대로 하려고 했다는 것이 기억이 났다. 자기의 생각이 확고하고 고집이 있다면 물론 일을 추진하는 데 있어서는 긍정적인 역할을 한다. 그렇지만 고집이 센 서로 다른 두 사람이 함께 살아간다고 가정한다면 너무 힘든 생활을 해야 한다.

부모와 자식 간에도 의견이 안 맞으면 싸우게 되는데, 부부는 더 말할 것도 없다. 그렇기 때문에 늦게 결혼하는 것이 꼭 좋은 것만은 아니다.

남편도 결혼한 지 1년, 2년 정도 지났을 때는 내가 어떤 요구와 부탁을 하든 잘 들어주었다. 3년이 지나고 결혼생활이 익숙해질 때쯤 남편은 점점 자신의 방식대로 하는 것을 고집하기 시작했다. 나는 남편을 위해 해주는 말이라고 생각하는데 남편은 나의 말을 그저 부모님의 잔소리를 듣는 듯이 듣는다. 이렇게 짧은 시간에도 한 사람이 바뀌어가는 모습이 보이는데, 자신이 고집이 너무 세서 맞추어 살아가기 힘든 사람과 살아가야 한다면 내가 포기해야 될 부분이 너무 많다. 서로 맞추어 살 수가 없다. 부모님들만 봐도 그렇다. 삼자가 봤을 땐 아무것도 아닌 일을 자신의 생각대로, 말대로 되지 않는다고 싸우신다. 며칠간 말도 안 하신다. 가족의 분위기는 냉랭하다.

고집을 부리는 것은 철없는 사람의 행동이다. 서로 조금만 이해하고 양보하면 싸울 일은 아무것도 없다. 서로 배려하지 않기 때문에 싸우게 되는 것이다. 누군가는 이렇게 말할 수 있다. "배려라고 하는 것이 말이야 쉽지 싸우게 되는 상황에서 배려하는 것은 쉽지 않아."라고. 그럼 배우자와 싸움이 일어나기 전에 미리 앞으로의 상황을 생각하고 행동해보는 것이다. 사람이라면 미래를 내다보고 행동해야 할 때가 가끔은 필요하다. 어떻게 생각하느냐에 따라 싸움을 막을 수도 있고 하게 될 수도 있다.

세상이 많이 변해서 이제는 남자, 여자 모두 철이 없다고 생각될 때가 점점 많아진다. 그렇지만 철이 없는 사람끼리 결혼하는 경우도 있으니 결혼만 놓고 봤을 땐 누가 손해보는 일은 없다. 철이 없어도 결혼을 하면 내가 챙겨야 할 가족이 생기고 아이가 생긴다. 철이 없는 사람일지라도 환경이 변함에 따라 적응할 수 있는 능력이 생기고 나름대로 행복하게 잘 살아간다. 24세에 결혼한 나도 그 당시 부모님이 보기엔 철도 없는 애가 결혼한다고 걱정을 하셨을 텐데, 결론은 결혼해서 어느 곳에서나 잘 적응하며 잘 살아가고 있다. 나의 배우자가 철없는 생각을 가지고 있고 철없는 행동을 해서 답답한 경우가 생기더라도 조금만 이해해주고 귀여운 눈빛으로 바라봐준다면 배우자도 본인이 철없는 행동을 했다는 것을 알아차리는 날이 올 것이다.

05

남편이 참고 산다는 건 착각이다

정직은 서로의 피부 속까지 들어가서 살 만큼
가까워질 수 있는 유일한 방법이다.

— 로이스 맥마스터 부욜 —

모든 문제에는 자기 자신만의 생각이 있어서 본인의 입장에서만 생각한다. 결혼도 마찬가지이다. "내가 다 참고 사니까 지금까지 살고 있는 거지 아니면 이혼이야!"라고 말한다. 이런 말을 들은 배우자는 얼마나 답답하고 속상할까? 자신이 참고 산다는 것은 부부가 정말 많이 하는 착각 중 하나이다.

남편은 아마 내가 남편에게 하는 말 중에서 "씻고 자. 양치라도 하고 자."라고 하는 말을 제일 싫어할 것이다. 누구라도 피곤함을 이끌고 씻으러 가는 것은 귀찮은 일이다. 나도 가끔은 너무 피곤해서 잠이 들면 '씻어야지.' 생각만 하고 그냥 쭉 자버린다. 남편은 피곤하면 아예 일어나지도 못하는 스타일이니 더하다.

나는 내 나름대로 직업병이 생긴 것 같다. 수업할 땐 학생들에게 구체적으로 명확하게 가르쳐야 한다. 그리고 초등학생들을 가르칠 땐 하나하나 다 설명해주지 않으면 이해하지 못한다. 그래서 어릴수록 상세하게 설명해주어야 한다. 그래서 나의 말투가 가끔 명령조로 나오고 굳이 안 해도 되는 말까지 할 때가 있다.

그런 말을 들으면 남편 스스로가 할 수 있는데 왜 자기가 하고 싶은 대로 할 수 없고 아내가 시키는 대로만 해야 하는 거냐며 싫어할 때가 있다. 내 딴에는 남편을 위해 말하는 것이었는데 남편은 오히려 자신의 뜻대로 할 수 없다며 싫어했다. 말을 받아들이는 사람이 좋지 않으면 안 좋은 거니까 남편한테는 최대한 부탁하는 말로 한다.

지금 생각해보면 나의 말과 남편의 말이 참 어리석다는 생각이 든다. 내가 남편에게 부탁했을 때 하나하나 설명한다는 것은 곧 남편을 못 믿는다는 말이기도 하다. 그리고 나의 말을 듣고 나의 방식대로 해주길 바랐던 마음이 컸던 것 같다. 남편은 내가 가르치는 대상이 아닌데 조금 더 부탁하는 말로 하고 부탁하고 난 후에는 더 믿어주었어야 한다는 생각이 들었다.

남편도 조금 더 부드럽게 자기의 방식대로 하고 싶다는 표현을 했으면 내가 마음이 상하는 일이 없었을 텐데 너무 감정을 앞세웠다. 남편이 속 마음을 부드럽게, 차분하게 표현했으면 나도 진작에 나의 잘못된 점을 빠르게 인식하고 고치려고 노력했을 것이다. 우리 둘 다 짧았던 생각 탓에 서로를 배려하지 못했다. 신혼 때는 우리의 본 모습만 알아가도 꽤 괜찮은 부부생활을 하는 것이라고 생각하기 때문에 앞으로 점점 더 알아가고 친해질 미래를 생각했다.

남편이 나의 말과 행동으로 인해 기분이 안 좋을 때가 있는 것처럼 나도 남편의 말과 행동, 표정에 대해 상처받을 때가 있다. 보통의 부부는 다 이런 경험들이 있을 것이다. 나는 남편에게 상처받은 나의 마음에 대해 말을 하지 않을 때가 많다. 그런데 내가 말을 하지 않으면 웃기게도 남편은 내가 남편에게 상처를 받았는지도 모를 때도 있다는 것이다.

나는 남편이 나의 물음에 회피하는 느낌의 대답을 하거나, 얼굴 표정이 좋지 않을 때, 나의 말이 귀찮다는 듯이 받아들여질 때, 하고 싶지 않은 일인데 내가 시켜서 억지로 하는 일이라는 느낌을 줄 때가 가장 기분이 좋지 않다. 그럴 때마다 나는 '착한 내가 참자, 지혜로운 아내가 되어야지.'라는 생각을 하며 나를 다독인다.

그중에서도 나의 감정을 가장 많이 눌러야 할 때가 있다. 바로 남편의 좋지 않은 얼굴을 볼 때다. 남편은 듣기 싫어하는 말을 하거나 마음에 들지 않는 일이 있으면 언짢은 표정으로 싹 변할 때가 있다. 남편이 그런 표정을 지으면 얼굴이 못나진다. 잘생기지는 않은 얼굴이어도 못생긴 얼굴은 아니고 귀여운 상인데, 남편의 안 좋은 얼굴 표정이 남편을 못생기게 만든다. 나는 싫어하는 남편의 표정이 너무 싫다.

사실 남편의 안 좋은 얼굴을 보고 있으면 기분이 안 좋아지는 사람은 나이다. 나만이 남편의 얼굴을 볼 수 있기 때문이다. 남편은 거울을 매순간 보지 않기 때문에 자신의 표정을 알 수가 없다. 모든 사람들이 그렇듯 자신 앞에 거울이 있다면 기분이 안 좋거나, 짜증이 난다고 하더라도 얼굴에 많이 드러나지 않도록 신경 쓸 것이다. 어쩌면 나의 얼굴 표정이 내 눈엔 보이지 않기 때문에 신경 쓰지 않고 막 하는 것일지도 모른다.

말하는 것도 그렇지만 상대에게 표정을 보이는 것은 특히나 더 주의해야 한다. 본인은 거울을 들고 보지 않으면 자신이 어떤 표정을 하고 있는지 볼 수가 없다. 그래서 나의 표정이 다른 사람의 기분을 나쁘게 할 것이라는 생각을 못한다. 그렇지만 상대방은 얼굴 표정만 봐도 이 사람이 기쁜지, 슬픈지, 화가 났는지 다 알게 된다.

남편은 나에게 거의 매일 항상 좋은 남편이다. 하지만 가끔 이럴 때 내 마음이 힘들어진다. 이러한 문제로 언젠가 한 번은 터질 것 같다는 생각을 한다. 그때는 걷잡을 수 없을 만큼 문제가 커져서 감당할 수 없을 것 같다. 이래서 참는 게 좋은 것만은 아닌데 내가 기분이 나쁘면 나쁘다고 말했어야 하는데 그러지 못해 나 자신에게 후회를 안겨주게 되었다.

남편과 나는 갑자기 남편의 친구와 제주도로 놀러 가게 되었다. 그래서 둘 다 설레는 마음을 가지고 간단하게 집 청소를 했다. 나는 남편에게 분리수거 쓰레기들을 버려달라고 부탁했다. 부탁하며 어떻게 분리수거 쓰레기들을 버리고 오는 게 좋을지 알려주었다. 남편은 그 시점에서 기분이 확 상했다. 본인이 알아서 버리고 올 수 있는데 내가 어떻게 버리고 올 것인지까지 싹 다 말했다는 것이다.

내 입장에서는 내가 남편에게 가르쳐주는 방법대로 하면 훨씬 더 편하게 버릴 수 있을 것 같아서 알려준 것인데 남편의 입장에서는 내가 생각하는 방식대로 하지 못한다는 것이다. 그래서 점점 분위기가 안 좋아졌다. 남편은 남편의 방법대로 분리수거를 하고 왔고 우리 둘 사이의 분위기는 냉랭해졌다.

남편도 분위기가 안 좋다는 것을 직감한 것 같았다. 우리는 집 청소를 마치고 제주도 여행을 위해 자려고 누웠다. 그런데 내가 아무리 생각해도 너무 화가 났다. 아무것도 아닌 일에 남편의 그렇게 짜증스러운 말투를 들어야 한다는 게 나는 너무 기분이 나빴다. 그래서 나는 지금까지 그런 점들을 참고 있었는데 이번에는 터뜨리기로 마음먹었다.

남편이 이해할 수 있도록 잘 말하고 싶었다. 잘 말해보려고 하는데 예전에 똑같은 일로 내 마음이 너무 힘들었던 기억이 나서 그런지 말도 하기 전에 눈물부터 났다. 눈물부터 나는 걸 보니 나도 이제 점점 나이를 먹어가는구나 싶은 생각이 들었다. 나는 남편에게 엉엉 울며 그간 힘들었던 이야기를 다 해버렸다. 정말 내 결혼생활 중 그렇게 펑펑 울었던 적은 처음이었다.

다음 날 제주도 가서 재밌게 놀아야 하는데 평소에도 안 싸우던 우리는 놀러 가기 하루 전날 다퉜고 나는 화와 울음을 터뜨리고 말았다. 남편은 나의 말을 듣고 정말 미안해했다. 본인이 혼자할 수 있는 일을 내가 다 시키는 게 마치 군대 같고 싫었다는 이야기를 했다. 남편도 남편 나름대로 스트레스가 있었을 것이라고 생각했다. 남편은 나에게 사과하며 앞으로는 안 그러겠다고 말했다. 나는 이런 남편 말을 안 믿는다. 결국 똑같은 일로 또 마음에 상처를 입을 것이라고 예상했다. 그렇지만 앞으로 다시는 안 그러겠다고 하니 화해는 했다.

다음 날 우리는 제주도 가는 비행기를 타러 가면서 살짝 어색했던 기운이 있었다. 그렇지만 이번에는 내가 용기를 내야 할 것 같아서 분위기를 풀었다. 지금 와서 돌아보면 나는 남편에게 아무 말도 하지 못하는 아내였던 것 같다. 내가 그런 생각이 들었기 때문에 더 펑펑 울게 된 것일지도 모른다는 생각을 했다.

남편은 나의 말과 행동에 본인이 다 참는다고 생각하지만 절대 그렇지 않다. 배우자가 참고 있다고 말한다면 나는 그것보다 더 많이 참고 있다는 것을 알아야 한다. 부부 관계에 있어서 화가 날 때 싸워야 할지, 참아야 할지 무엇이 옳은 선택인지 고민이 많이 될 것이다. 나에게 찾아와 이런 질문을 한다면 마음이 시키는 대로 하시라고 답할 것 같다. 나의 대답을 들은 사람은 무책임하다고 생각할 수도 있겠지만 자신의 마음이 시키는 것이 곧 답이다.
결국에 모든 관계는 내 속마음에 답이 다 있다. 싸우고 싶으면 싸우고, 참고 싶으면 참으면 된다. 자신의 선택에 부부 사이가 달라질 수 있겠지만 본인에게 좋은 선택이 부부에게도 좋은 선택일 것이다.

06

남편아 회사에 인생을 바치지 마라

오래 살기를 바라기보다
잘 살기를 바라라.

– 벤자민 프랭클린 –

남편은 자신에게 주어진 일이면 무엇이든 최선을 다한다. 시간이 오래 걸리더라도 최고의 것으로 보답한다. 나는 이러한 남편의 성격을 잘 알기에 남편이 힘들어하는 모습을 보이면 가끔 브레이크를 밟아주는 역할을 해주고 싶다.

남편은 군 생활을 열심히 했다. 주어진 일에도 열심히 했고 일을 잘했다. 이런 사람들에게 공통적인 문제가 한 가지 있다. 일을 잘하기 위해서 미리 준비해야 하니 일을 집까지 끌어왔다. 남편은 자신이 원래 일을 잘한다고 자만하지 않고 자신이 항상 부족하다고 생각하기 때문에 엄청난 노력파였다. 그래서 퇴근 후에도 직장의 스트레스를 안고 있었다. 다음 날 중요한 일이라도 있으면 그 일을 생각하느라 잠도 설쳤다. 사람들은 군에 들어오면 공부를 안 할 것이라고 생각하지만 그건 착각이다. 업무 능력을 위해서 계속 시험을 준비해야 하고 훈련이 있으면 훈련에 관한 준비도 해야 한다. 병으로 들어온 어떤 청년이 이런 말을 했다. "제가 학교 다닐 때 이렇게 공부했으면 서울대 갔겠어요." 의무복무를 하는 청년도 이런 말을 하는데 직업군인은 훨씬 더 많은 공부를 해야 한다.

남편은 업무량이 많아 조금이라도 더 쉬고 싶은데 회식까지 잦으니 회식이 있는 날은 너무 힘들어했다. 남편에게 회식 시간은 버려지는 시간이었기 때문이다. 정말 사회생활을 하기 위한 자리밖에 되지 않았다. 그나마 다행이었던 것은 회식에는 참석하지만, 생각보다 일찍 집에 들어와서 늦게 들어오는 것에 대한 걱정은 없었다. 나는 일찍 집에 들어오는 것만으로도 감사했다.

나는 남편에게 "군 생활하면서 스트레스를 덜 받으면 좋겠다."라고 말했다. 사실 사회생활 하는 청년 중 스트레스 안 받으며 일하는 사람은 없다. 직장에서 오는 스트레스는 직장을 그만두는 것밖에는 답이 없다. 그렇지만 어차피 해야 할 일이라면 조금이라도 힘 조절하면서 융통성 있게 일했으면 하는 생각을 항상 가지고 있었다. 이런 말은 본인이 더 잘 알고 있다. 그렇지만 직장에서 오는 책임감과 스트레스는 피할 길이 없다.

사회생활 하기란 쉽지 않다. 어렵고 힘들다고 하는 게 맞겠다. 자신이 원해서 하는 일도 있지만, 생계의 목적을 가지고 목숨 걸고 일하는 사람도 있다. 남편이 처음 군에 들어온 것은 여러 가지 이유가 있겠지만, 어찌 됐든 원해서 들어왔다. 군 생활 중 나를 만나 결혼을 하게 되고 가정을 꾸리니 그때부터는 생계의 목적을 가지고 일을 시작하게 되었다. 남편은 수상함을 타다가 이동이 너무 잦아 이동이 제일 적은 잠수함을 지원하게 되었고 6개월 동안 교육을 받은 후 잠수함 생활을 시작했다.

잠수함은 동화나 만화에 나오는 마치 창문 사이로 물고기나 상어가 보이는 그런 낭만적인 잠수함이 아니다. 창문 하나 없는 철 깡통 같은 그런 곳이었다. 나는 한 번도 잠수함 내부를 본 적이 없어서 모르겠지만 잠수함 공개 행사를 하면 가족들이 내부에 직접 들어가 볼 수 있다.

잠수함 내부를 본 부모님들은 경악은 기본이며, 눈물을 흘리신다는 이야기를 많이 들었다. 나의 친오빠도 현재 잠수함을 타는데 엄마는 잠수함 내부를 보면 눈물이 날까 봐 그냥 안 보는 게 낫겠다고 하셨다.

남편은 그런 잠수함을 타고 항해를 나가면 길게는 3주 정도 나갔다 들어온다. 나는 남편이 항해를 나가면 "하나님, 제발 남편이 집에 무사히 돌아올 수 있게만 해주세요."라고 매일 밤 기도했다. 내가 이렇게 열심히 기도하게 된 이유가 있다. 남편이 하루는 항해를 나가기 전 나에게 이렇게 말했다. "아르헨티나에서 잠수함이 침몰해서 전원이 사망했어. 그러니 내가 항해를 나가면 무사히 돌아올 수 있도록 기도해줘." 나는 남편의 말을 듣고 실제로 잠수함이 침몰한 사건이 있었다는 것에 너무 놀랐다.

이 말을 듣기 전까지는 그래도 "에이, 설마 사고 나겠어?"라고 했는데 침몰 사고가 실제로 있었다는 말을 들으니 너무 당황스럽고 남편의 잠수함도 혹시 문제가 생겨서 침몰하면 어쩌지 하는 생각에 너무 두려웠다.

물론 잠수함을 타기 전에 사고가 발생하면 어떻게 해야 하는지 교육하고 훈련을 한다고 하지만, 잠수함은 물속에 있기 때문에 무슨 사고라도 발생하면 전원 사망이라고 했다.

그래서 나는 남편이 항해를 나가면 불안한 마음을 항상 가지고 있었고 더 간절히 기도하게 되었다. 나는 항해를 다녀온 남편에게 진심 반 농담 반으로 "오빠가 편의점 아르바이트해서 한 달에 백만 원만 가져다줘도 좋으니까 위험한 직업은 안 했으면 좋겠다."라는 말을 했다.

남편은 잠수함에 대한 사고나 힘듦 때문이 아닌 꿈을 위해서 전역을 선택했다. 전역하기 전까지 군 생활을 누구보다 열심히 했다. 나름대로 인정받으며 일했다. 그렇지만 남편의 마음 한구석에 자리하고 있던 꿈이 꿈틀거려 더 늦어지기 전에 자신의 꿈을 이루는 삶을 살고 싶다고 했다.

군 생활 잘하고 있는 남편이 갑자기 전역한다고 하니 주위에서는 놀라기도 했고 이제는 결혼도 해서 가정도 있는데 전역하고 사회로 나가면 직장 구하는 게 하늘에 별따기인데 인생 망할지도 모른다며 말리는 사람도 많았다. 그렇지만 남편은 이미 마음먹은 대로 자신이 선택한 길을 걸어갔다.

나는 남편의 꿈을 위해 전역에 동의했다. 그렇지만 한편으로는 위험한 일보다는 전역해서 꿈을 이루는 삶이 더 낫다고 생각했기 때문에 전역에 동의한 것도 있다. 전역하고 꿈을 향해 달리고 있는 남편의 모습을 보며 멋지게 해내고 있다는 생각이 든다. 나는 앞으로도 남편이 하겠다는 일이 잘못된 일만 아니라면 무엇이든 동의해줄 것이다.

나는 열심히 일하는 남편을 보며 이런 말을 해주고 싶었다.

"현재 직장은 나의 미래를 책임져주지 않아. 그러니 평생 행복하게 할 수 있는 일을 찾아야 해."

공무원이라고 해도 정년퇴직하는 나이는 정해져 있다. 50대~60대면 퇴직하게 된다. 그렇지만 이제는 100세 시대라는 말에 맞게 퇴직해도 한창이다. 퇴직해도 무슨 일을 해야 할지 고민하며 직장을 찾으신다. 우리 아빠의 모습만 봐도 그렇다. 아빠가 살짝 동안이셔서 그런지 몰라도 쉰이 넘었는데도 젊다고 느껴진다. 아빠는 얼마 전 나에게 이렇게 말했다. "전역하면 뭐하지? 엄마가 돈 벌어오라고 할 텐데." 그래서 나는 아빠에게 "아빠가 전역할 때쯤 내가 부자 되어 돈 걱정 안 하게 해줄게."라고 말했다.

우리는 직장을 선택할 때 생계를 고려하며 선택하기 때문에 웬만하면 공무원 아니면 대기업, 연봉이 높은 곳 등을 선택한다. 내가 원하는 일이 있지만, 생계를 이어나갈 수 없어 포기하고 돈을 따라 선택하는 사람도 많다. 안타까운 현실은 돈이 들어가면 힘들어질 수밖에 없는 현실을 마주하게 된다는 것이다.

나도 음악교육을 전공하고 연주 활동도 하고 아이들도 가르쳤지만, 돈과 관련 없이 나 자신이 원하고 행복을 느끼기 위해 음악을 하면 너무 행복하다. 하지만 돈이 들어가는 순간, 책임감이 생기고 프로의 모습을 보여주어야 하기 때문에 이미 내 음악에 행복은 떠나버리고 부담감이 생긴다. 그럼에도 해야 한다. 우리는 먹고살기 위해 돈을 벌어야 하기 때문이다. 그렇지만 내가 돈을 벌고 행복을 찾아도 직장이라는 곳은 나의 평생을 책임져줄 수 없다.

이제는 시대가 많이 변했다. 평생 행복하게 할 수 있는 직업을 찾아야 한다. 평생 즐겁게 할 수 있는 직업을 갖는 사람이 굳이 공무원이 아니더라도 현명한 선택을 한 것이고 행복한 삶을 살아간다. 나는 남편이 전역을 선택하고 지금까지 꾸었던 꿈을 이루고 싶다는 말을 했을 때, 평생 자신이 행복하게 할 수 있는 일을 찾길 바랐다. 전역하고 많은 우여곡절이 있었지만, 현재는 자신이 평생 할 수 있는 일을 찾은 것 같아서 기쁘다.

남편이 아니더라도 나는 '군대'라는 울타리 안에서 온실 속 화초처럼 자라왔다. 이제는 결혼도 했고 환경이 많이 변했으니 온실에서 나와 나의 행복한 삶을 찾아야 한다. 나 또한 남편에게 말한 것처럼 직장의 노예로서가 아니라, 그 일을 해서 내가 즐겁고 행복한 일을 해나갈 것이다.

결혼 후에도 내 인생을 살아가는 실전 연습

인생이란 누구나 한 번쯤
시도해볼 만한 것이다.

– 헨리 J. 틸만 –

결혼 후에도 자신의 인생을 살아가는 것은 결혼 전과 다르지 않다. 결혼 후 자신의 인생이 끝나는 것이 아니기 때문이다. 결혼해도 자신의 인생을 살아가는 연습이 필요하다. 그렇지 않으면 나는 누구의 아내, 누구의 엄마로 내 이름이 잊힌 채 살아가게 된다.

나는 결혼 후에 선생님 소리를 듣고 내가 하고 싶은 일들을 하며 지냈다. 음악교육과를 졸업해서 선생님이라는 소리를 들으며 일하는 것은 내가 하는 일에 자부심을 느낄 정도로 좋았다. 내가 음악과를 선택하지 않고 음악교육과를 선택한 것은 늦은 입시 준비도 있었지만, 연주도 하며 가르치는 일도 할 수 있는 두 마리의 토끼를 다 잡을 수 있다는 생각에 선택하게 된 것이다.

사범대학에는 음악교육 전공 안에 다양한 악기와 성악, 작곡 등 여러 가지 파트로 나누어져 있다. 나는 더블베이스라는 악기로 학교에 입학했지만, 피아노를 어렸을 때부터 쳐왔기 때문에 피아노 실력은 초등학생을 가르쳐도 될 만큼은 된다고 생각했다. 그래서 4학년 졸업 시즌이 다가올 때쯤부터 음악 학원에서 일을 시작했다. 물론 지금 돌아보면 입사 1년 동안은 제대로 가르치지 못했던 것 같다. 2년 차부터 원장 선생님께서 가르치시는 것을 보며 배우기도 하고 터득해나갔다. 그때부터 제대로 가르치기 시작했다. 아이들이라고 해도 학생과 교사의 관계이기 때문에 쉽지만은 않았다. 그렇지만 열심히 해서 실력이 늘어가는 모습을 볼 때면 너무 뿌듯했다.

남편은 훈련에 나가 있었을 때가 많았다. 그리고 어쩔 땐 해외 훈련을 나가 3개월씩 못 볼 때도 있었다. 그 순간에도 내가 혼자서 잘 버틸 수 있었던 까닭은 아이들에게 피아노를 가르치고 함께 시간을 보내고 내가 할 수 있는 일에 감사하며 집중했기 때문이라고 생각한다. 남편이 군 생활을 하고 훈련을 나가는 기간에 내가 아무것도 안 했더라면 나는 혼자 버

티기 힘들었을 것이다. 무엇이라도 했기 때문에 남편의 존재가 조금은 덜 그리웠다.

나는 내가 일을 하고 싶어서 한 것이지만, 이것이 나에게 많은 것을 안겨주었다고 생각한다. 그중에서도 가장 큰 것은 내가 너무 남편에게 의지하지 않는 모습을 가질 수 있게 되었고 두 번째는 아이들과 소통하는 방법들을 배우고 어떻게 아이들과 관계 맺어야 하는지도 배운 것 같다. 마지막으로 음악 학원에서 함께 일했던 원장 선생님과 큰 선생님께 많은 것을 배울 수 있었던 것 같다. 대학 졸업하고 처음 일했던 곳이라 정이 많이 있다.

남편이 책을 쓴 후 경기도 분당구에 위치한 ABC엔터테인먼트 소속 작가로 계약하게 되었다. 그래서 나와 남편은 독일이 아닌 경기도 분당으로 이사하게 되었다. 처음 올라오기 전에는 내가 해오던 일을 잠시 내려놓고 올라와야 했기에 고민을 했지만, 그래도 남편의 미래와 부부의 미래를 생각하며 올라왔다. 남편은 자신이 원하고 좋아하는 일이어서 엄청 열심히 했다.

그 당시 남편은 수입이 없었기 때문에 나라도 일을 하면 살림에 조금이라도 보탬이 되지 않을까 싶어서 일을 찾아보았다. 다행스럽게도 나는 전문 직종이라 일을 해도 아르바이트를 하는 것이 아닌 음악 학원 강사로 일을 할 수 있어 음악 학원을 알아보았다. 그런데 생각보다 강사를 구하는 곳이 없었다. 간신히 구한다는 모집 공고를 보게 되어 이력서를 넣었지만, 채용이 안 되었다. 내 생각엔 피아노 전공자가 아니어서 그랬던 것 같다.

나는 좌절감을 느꼈지만, 학원 강사를 하지 못한다고 해서 내가 못 사는 것은 아니라고 하며 마음을 다스렸다. 그리고 '내가 여기서 할 수 있는 일은 무엇일까?', '하고 싶은 일은 무엇일까?' 책을 읽으며 생각해보기로 했다. 정말 1년에 책 10권도 안 읽었던 내가 책에서 나의 미래를 향한 답을 찾으려 했다니 놀라운 발전이라고 스스로 대견했다. 나는 창원에서 분당으로 올라오기 전에 남편의 선물로 김도사(김태광), 권마담(권동희) 작가의 공동 저서인 『새벽 5시 필사 100일의 기적』이라는 책으로 필사를 하고 있었다. 그래서 책에서 답을 찾고 싶었는지도 모른다.

책을 읽고 있던 어느 날 남편이 갑자기 나에게 "너도 책 써볼래?"라는 질문을 했다. 나는 남편의 말에 깜짝 놀랐다. "내가?" 내가 생각하기엔 내가 지금까지 살아오면서 책 한 권을 낼 만한 이야기도 없는데 어떻게 그런 일이 가능할까 싶은 생각이 컸다. 그렇지만 남편은 내가 엄청 잘 쓸 것 같다는 칭찬을 하며 한번 써보라고 말했다. 그래서 나는 지금 당장 하는 일도 없는데 책을 쓰면서 나를 돌아보고 앞으로는 어떻게 살아갈 것인지 생각을 해보기로 했다. 그래서 남편이 책을 쓰는 동안 코칭을 받은 〈한국책쓰기1인창업코칭협회 (이하 한책협)〉에 가서 김도사(김태광) 코치님께 책 쓰기 코칭을 받게 되었다.

나는 정말 책 읽는 것을 지루하다고 생각하던 사람이라 책을 쓸 수 있는 능력이 되는 사람인가에 대해서 고민을 많이 했다. 그런데 김도사님이 나에게 하신 말씀이 있다. 책을 읽는 것과 쓰는 것은 완전히 다르다고. 오히려 책을 안 읽는 사람이 더 잘 쓴다고 하셨다. 나는 김도사님의 말씀을 들으며 내 나름대로 용기도 얻고 위안도 얻었다.

김도사님은 책 쓰기 특허증을 가지고 계시고 24년간 250권에 달하는 책을 쓰셨다. 그리고 10년 동안 1,100여 명의 작가들을 배출했고 김도사님을 만난 1,100여 명의 작가님들은 독자에서 저자로 인생의 위치를 바꾸고 완전 새로운 삶을 살게 되었다. 이런 노하우로 〈한책협〉의 김도사님은 놀랍도록 코칭을 잘 해주셨고 원고 쓰기도 어렵고 원고 계약도 어렵다던 모든 것들이 잘될 수 있도록 실력 있게 코칭해주셨다.

현재 내가 빠르게 책을 쓰고 출판할 수 있었던 이유가 거기에 있다. 내가 책을 쓰기 전에는 '내가 책을 쓴다고?'라는 생각을 했지만, 결국 책을 썼고 출간된 나의 책은 여러 독자들에게 읽히는 책이 될 것이다. 김도사님을 만나지 못했더라면 나는 작가의 삶을 경험할 수 없었을 것이다.

내가 분당에 와서 이력서를 넣고 나는 무슨 자신감이었는지는 모르겠지만 당연히 채용될 것이라고 생각했다. 하지만 나의 예상은 빗나갔다. 이력서에 대한 답은 오지 않았다. 내가 생각한 대로 흘러가지 않은 방향 탓인지 더 크게 실망했다. 그래서 나는 나에 대한 기대치가 점점 떨어졌었던 것 같다.

그렇게 무기력해졌던 내가 김도사님께 책 쓰기를 배우는 것은 한 줄기의 희망으로 다가왔고 원고를 쓰면서 나는 '할 수 없는 사람'에서 '할 수 있는 사람'으로 변화되었다. 그래서 나는 내가 당장 많은 건 할 수 없을지라도 내가 할 수 있는 작은 것부터 해나가자고 다짐하며 행동하기 시작했다. 그리고 나에게 짐으로 다가오는 기회들을 잡아서 내 인생을 활력 있게 만들어갔다.

김도사님은 나에게 긍정적으로 즐겁게 원고를 쓰라고 항상 말씀해주시며, 용기와 힘을 주셨다. 김도사님의 긍정적인 에너지가 더 즐겁게 원고를 쓸 수 있도록 해주는 큰 원동력이 되었다. 나는 김도사님께 책 쓰기를 배우지 않았더라면 아예 책 쓰기를 시작하지도 않았을 것이다. 이렇게 책을 재밌게 쓸 수 있고 책을 쓰면 인생이 달라진다는 것을 알게 해주셨다. 나는 김도사님의 책 쓰기 가르침을 통해서 독자에서 저자가 되었다.

책을 한 권도 안 읽던 내가 책을 씀으로써 나의 의식이 바뀌었다. 나는 결혼했다고 해서 남편에게 의존적으로 살아가는 것이 아닌, 내가 할 수 있는 일을 하면서 나 '이성서'라는 이름을 가지고 당당하게 살아갈 수 있게 되었다. 책 쓰기 전에 했던 모든 고민은 다 사라지고 책을 쓴 것이 참 잘했다는 생각이 들고 내 인생을 살아가는 연습 중 하나를 끝마쳤다고 생각한다.

예전에 비해 지금은 책을 많이 좋아하게 되었다. 물론 전체적인 장르를 좋아하게 된 것은 아니지만 그래도 나를 계발하고 발전시켜 나갈 수 있는 책들은 읽고 싶은 욕구가 생기는 것 같다. 나는 이제 책의 맛을 알게 되어서 책을 많이 읽을 것이다. 그래서 과거의 나의 모습보다 더 나아진 모습으로 살아가게 될 것이다.

이제 나는 내가 선택하는 삶을 살아간다. 그렇기 때문에 내가 책임져야 할 일이 두 배 이상으로 많아졌다. 그렇지만 내가 선택하는, 내가 주인공인 삶을 살아갈 수 있어서 너무 행복하다. 내 인생을 살아가고 있다.

내 인생을 내가 살아가는 것이지만 이것에도 연습이 필요하다. 연습하지 않으면 내 인생은 내가 아닌 다른 이들에 의해 살아가는 삶이 된다. 그렇게 되지 않도록 내 인생은 내가 지키자.

나는 대학교 4학년 때 교생실습과 여름방학 교육 봉사 활동으로 만났던 학생들에게 마지막 인사로 항상 이 말을 해주었다. 이 말이 아직까지도 잊히지 않고 내 안에 잘 자리잡고 있어서 너무 감사하다.

"자신의 인생은 자신이 선택하면서 살아가세요. 그 대신 자신이 한 선택에는 대가가 따르는 법입니다."

08

누군가는 포기하고 누군가는 잘 산다

행복한 결혼생활에서 중요한 것은 서로 얼마나 잘 맞는가보다
다른점을 어떻게 극복해나가는가이다.

– 레프 톨스토이 –

우리나라 통계청에 따르면 2020년 혼인 건수는 1만 4,973건이며, 2020년 이혼 건수는 10만 6,500건이다. 다행히 2019년보다는 감소했지만 그래도 엄청 높은 숫자이다. 우리는 왜 평생 행복하게 살겠다는 약속을 지키지 못하는 걸까? 똑같이 결혼 서약을 하고 혼인신고도 했는데 왜 누군가는 포기하고 누군가는 잘 사는 걸까?

나는 혼인신고를 결혼식보다 더 빨리 할 수밖에 없었다. 군인은 혼인신고를 해야 관사에 입주할 수 있는 자격이 주어졌기 때문이다. 우리 부부

는 나름 이른 나이에 결혼했기 때문에 집을 사거나 당장 전세를 들어갈 생각은 하지도 못했다. 굳이 그렇게 하지 않아도 관사에서 살 수 있었기 때문이다. 나도 어렸을 때부터 관사에 살았다. 그래서 군인과 결혼하면 나중에는 집을 사게 되더라도 당장은 관사에 살게 될 것을 알고 있었다.

나는 집을 위해 빨리 혼인 신고를 했는데 군대 밖 세상은 조금 다른 것 같다. 보통은 결혼하기 전에 혼인신고를 하지만 요즘은 결혼 후 몇 년을 살아보고 나와 평생 함께할 사람이라는 것을 확인하고 혼인신고를 하는 경우도 많다. 그리고 혼인 신고를 늦게 하는 사람들 중 몇몇은 아이도 바로 갖지 않는다. 만약 헤어지게 되면 아이에게 상처를 안겨줄 수밖에 없기 때문에 조금 더 시간을 가지고 신중하게 생각하는 것이다.

나는 남편과 혼인신고도 빨리하고 너무 행복하게 잘 살고 있어서 그런지 사랑하는 사람과 살아보고 계속 같이 살 수 있겠다 싶으면 혼인신고를 한다는 것 자체가 나에게는 상식 밖의 생각이다. 혼인신고를 안 한다는 것은 살아보고 상대가 마음에 들지 않으면 쉽게 헤어질 수도 있다는 뜻임을 말하는 것과 같다.

그 말은 상대방에 대해 신뢰가 없다는 것과 동일하다. 사랑해서 같이 살고 싶은 것은 맞지만 만약 살다가 같이 살기 싫어지면 끝까지 책임지고 싶지는 않다는 말이다.

살아보고 혼인신고를 하겠다는 말은 헤어질 것을 이미 염두에 두는 것이다. 사랑에 있어서 가장 중요한 신뢰가 없는 부부이다. 결혼식을 하고 같이 살아도, 절대 진정한 부부가 될 수 없다. 혼인 신고를 하면 대부분은 나와 맞지 않는다고 생각해도 최대한 맞추어가려고 노력한다. 서로에게 화가 나서 싸우더라도 결국엔 누군가가 먼저 '아유, 내가 져준다!'라고 생각하며 화해의 손길을 내밀기도 한다. '혼인 신고'라는 것이 그냥 종이 달랑 한 장이라고 생각할 수도 있지만, 나는 그 종이 달랑 한 장이 가정을 회복시킬 수 있는 힘이 있다고 생각한다. 책임감을 만들어준다고 생각한다.

우리는 결혼에 대한 책임감과 어떤 어려움이 오더라도 함께 극복하고 회복해나갈 힘이 있다면 포기하지 않고 충분히 행복한 결혼생활을 만들어갈 수 있다. 서로에게 지쳐 더는 할 수 없다고 생각하는 것은 포기하고 싶은 '나' 자신의 마음에서 오는 것이다. 내가 어떤 마음을 가지고 어떤 선택을 하느냐에 따라 행복한 결혼생활을 포기할 수도 있고 잘 살아갈 수도 있다.

남편이 직장을 다닐 때의 이야기이다. 남편의 직장 동료 C씨는 스물네 살이다. C씨는 연상의 여자와 결혼을 했고 아이를 낳아 키웠다. 3, 4년 후 C씨는 아내와 이혼을 하게 되었다. 이유는 대화가 잘되지 않고 마음이 통하지 않아서 어떤 문제에 대해 의견 차이가 좁혀지지 않았기 때문이다. 그래서 C씨는 이혼을 선택했고 양육권을 가지고 직장생활을 하며 아이를 혼자 키우기 시작했다.

우리 부부가 결혼할 때 C씨는 남편에게 결혼하려면 다른 것을 떠나 대화가 잘 통하는 사람을 만나야 한다고 마지막으로 조언을 해주었다. 그리고 의견이 달라도 서로의 의견만 주장하지 말고 합의점을 찾을 수 있는 사람과 결혼해야 한다고 덧붙였다. 사실 이런 말은 누구나 다 아는 말 아니었던가. 몰라서 이혼을 선택한 것이 아닐 텐데 이런 것들을 보면 말은 참 쉽지만, 살면서 행동하는 것은 너무나 어려운 것 같다.

남편은 C씨의 말을 누구보다 잘 들어줬고 가슴에 품었다. 그래서 그런지 남편과 대화할 때는 어렵거나 힘들지 않다. 서로 생각이 다른 부분도 있지만, 이해했다. 어떤 부분에 있어서는 너무 잘 통하는 부분도 있었다. 남편도 이미 알고 있던 말이지만 그래도 C씨의 말을 통해 더 노력하는 것 같아서 고맙다.

아이까지 있는 부부가 이혼을 선택했다는 것은 정말 죽고 싶을 정도로 같이 살기가 힘들 정도라는 것인데, 결혼하기 전에 알았더라면 더 좋았을 것을, 왜 결혼 후에 알게 되었는지 후회스러울 것이다. C씨에게는 한순간의 선택이 자신의 인생에 엄청난 변화를 가져왔을 것이다. C씨는 결혼을 포기한 후 혼자 아이를 키워나가야 했다. 그래서 군 생활 중 훈련이라도 오래 나가버리면 아이를 키워줄 사람이 없었기 때문에 결국 전역을 선택했다. 자신의 인생이 한순간에 변해가는 환경을 보게 되었다. 나의 삶보다는 아이에게 맞추는 삶으로 살아가게 되었다. 그렇지만 자신의 자녀만은 지키고 싶은 어린아이 아빠의 마음이 더 컸을 것이다.

이런 이야기를 듣고 있으니 아이를 위해서라도 조금만 더 버텨주었더라면, 조금만 더 서로에게 귀 기울였다면 결혼을 포기하는 일은 일어나지 않았을 텐데 결국에는 행복한 결혼생활을 하며 잘 살 수 있었을 자신의 삶을 포기했다는 것이 참 안타깝다. 앞으로 C씨는 결혼에 대한 긍정적인 생각보다는 부정적인 생각이 클 것이고 주위에 결혼을 고민하는 사람이 있다면 결혼을 긍정적으로 말해주기보다는 결혼을 하면 후회하게 될지도 모른다는 말을 더 많이 해주게 될 것이다.

나는 최수종–하희라 부부가 참 좋다. 어린 나지만 내가 봐도 부부 관계를 참 잘 만들어가는 것 같다. 서로 존댓말을 사용하며 대우한다. 아내를 존중해주고 배려해준다. 아내 또한 같은 모습이다. 모든 남자들의 적이라고 말할 정도로 최수종 씨는 아내에게 잘한다. 최수종 씨는 방송에서 아직도 하희라 씨를 보면 설렌다고 말할 정도이다. 어떻게 하면 이렇게 행복한 부부로 살아갈 수 있을까.

부부가 서로 행복한 생활을 할 수 없는 것은 부부가 서로 동등한 관계가 아닌 상하관계가 되었기 때문이 아닐까? 부부 관계에서 상하관계가 되면 집안의 왕이 생기는 것과 같다. 모두가 왕의 말을 들어주어야 한다. 그렇기 때문에 주위 사람들은 왕의 말을 들어주며 힘든 생활을 하게 된다. 그렇게 왕이 아닌 사람들은 마음이 죽게 된다.

행복한 부부로 살아가기 위해서는 부부가 서로 동등한 위치에 있어야 한다. 그래야 각자의 말을 할 수 있고 대화를 할 수 있으며 맞지 않는 문제에 대해 합의점들을 찾을 수 있다. 동등한 위치에 있을 수 없다면 배우자를 위해 내가 먼저 죽어주어야 한다. 그 말은 결국 배우자를 더 이해하고 배려한다는 뜻이다. 더 많이 사랑해주며 배우자의 모든 모습을 다 받아주는 것이다.

인간관계에 있어서 "웃는 얼굴에 침 못 뱉는다."라는 말이 있듯이 부부생활에 있어서도 배우자에게 미소를 지으며 고운 말로 대화와 생활을 한다면 그 미소 짓는 얼굴에 화내는 배우자는 드물 것이다. 힘든 일이 있어도 그 미소 지은 얼굴을 본다면 힘든 것도 사그라들 것이다.

최수종 씨와 하희라 씨가 행복한 부부로 살아갈 수밖에 없는 이유는 배려의 모습, 내가 먼저 죽어주는 모습을 하고 있기 때문이다. 부부는 서로 '동등하다'라는 마인드로 관계를 맺고 있다. 최수종—하희라 부부의 모습을 롤모델로 삼아 100% 따라 할 수는 없지만, 흉내라도 내보길 바란다. 그러면 예전과는 다른 우리 부부의 모습을 볼 수 있게 될 것이다.

현재 나의 부부 관계는 어떠한가? 우리는 결혼식을 할 때 "평생 행복하게 잘 살겠다."라고 부모님과 모든 하객들 앞에서 약속한다. 그렇지만 그 말을 끝까지 지키는 사람도 있고 그렇지 않은 사람도 있다. 행복으로 가는 부부가 있고 불행으로 가서 결국 결혼을 포기하는 사람도 있다. 우리의 미래가 어떻게 흘러갈지는 스스로가 정하는 것이다. 현재 행복한 부부의 모습으로 살아가는 부부는 너무 잘 살아가고 있는 것이다. 그렇지만 뭔가 나의 마음이 불편하고 부부 관계가 좋지 않다면 빠르게 회복할 수 있는 방법들을 찾아보는 것이 좋다. 생각보다 힘든 부부 관계를 잘 회복할 수 있는 방법과 프로그램은 많다. 부부가 서로 노력해도 좋은 결과가 나오지 않는다면 전문가의 도움을 받는 것도 하나의 좋은 방법이다. 나는 우리나라의 부부들이 힘든 결혼생활을 포기하지 말고 회복하여 행복하게 잘 살았으면 한다.

3장

배우자를 바꾸는
7가지 방법

01

배우자의 행동보다 속마음을 들여다보라

사랑은 눈으로 보지 않고
마음으로 보는 거지.

– 윌리엄 셰익스피어 –

남편이 나의 속마음을 알아주며, 나의 마음에 공감해준다면 나는 너무 행복한 부부 관계를 맺고 있다는 생각이 들 것이다. 사실 이렇게 살아가는 부부가 얼마나 될까 하는 생각도 든다. 내가 자신 있게 말할 수 있는 것은 나의 남편은 다른 사람들의 평균 이상으로 나의 마음을 잘 헤아려주고 나의 마음을 들여다봐줄 수 있는 마음이 깊은 사람이라는 것이다.

태어난 지 얼마 되지 않은 아기는 말을 할 수 없고 일어날 힘도 없어서 누워서 엄마가 오기만을 기다린다. 그런데 아기는 자신이 어디가 아프거나, 불편하거나, 배가 고프거나 하면 큰소리로 울어댄다. 엄마가 빨리 나에게 와서 나를 봐주길 원한다는 울음일 것이다. 아기도 엄마가 필요할 때 우는 것처럼, 성인이 되어서도 나에게 무슨 문제가 있으면 행동에서 드러난다.

사람의 마음은 숨기려고 노력해도 숨기기 힘들 뿐더러 숨겨지지 않을 때가 많다. 숨기지 못한 감정은 나의 행동에서 드러나기 시작한다. 그렇기 때문에 모든 행동에는 이유가 있다. 지혜로운 아내는 남편의 행동을 보고 남편의 속마음을 들여다봐준다. 이렇게 배우자의 속마음을 들여다봐주고 마음을 공유하는 것은 엄청난 일이다. 부부가 하나가 된다는 의미이기 때문이다.

남편의 행동을 보고 말을 들은 나는 문제가 되는 부분에 대해서는 함께 해결 방안을 찾고 우리가 함께 노력해도 변하지 않을 일에 대해서는 있는 그대로 받아들이고 변화시키기를 포기한다. 남편은 내가 아내로서 자신의 마음을 알아주고 이해해주는 것만으로도 고마움을 느끼며, 이렇게 마음을 공유할 수 있는 것에 대해 신기하다고 말한다.

남편은 나에게 결혼하기 전에는 어떤 문제에 대해서 자신의 마음을 100% 전달하는 일이 없었고 자신이 말해봤자 자신만 손해라는 걸 알았기 때문에 입을 닫았지만, 결혼 후 남편의 속마음을 알아채주고 이야기를 들어주는 아내가 있어서 무슨 일에서든지 고민거리도 줄어들었다고 말했다.

나는 어릴 때부터 악기를 해와서 손톱(발톱)이 항상 길지 않도록 관리해왔다. 여느 때와 같이 손톱(발톱)을 깎고는 싶은데 그것마저 너무 귀찮은 날이었다. 그래서 나는 남편에게 "나중에 내가 임신해서 배가 불러오면 발톱을 깎지 못하는 날이 올지도 몰라. 그런 날이 오면 남편이 다 해주어야 하는데 미리 연습해보면 좋지 않겠어?"라는 말을 하며 나의 손톱과 발톱을 깎아달라고 남편을 꼬셨다.

남편은 내가 피곤해서 그런 말을 했다는 나의 마음을 잘 알고 있었다. 그래서 나의 말을 듣고 나의 손톱과 발톱을 깎아주었다. 남편의 장점이 여기서도 드러났다. 느리지만 무엇이든지 최선을 다하는 모습을 여기에서도 볼 수 있었다. 그래서 나는 너무 잘한다고 칭찬을 해주었다.

나는 얼마 전 귓속이 너무 가려웠다. 어렸을 때 아빠가 항상 귀지를 제거해주셨던 추억들이 생각났다. 그 기억으로 나는 남편에게 말했다. "오빠가 내 손톱, 발톱도 깎아줬는데 오늘은 귓속이 간지럽네?" 남편은 귀이개를 가지고 오면서 나를 무릎에 뉘어 한참을 열심히 귀지 제거와 동시에 휴지로 귀도 깨끗이 닦아주었다.

나는 오빠에게 "와 정말 내가 가려운 부분을 어떻게 딱 알고 시원하게 하는 거야? 아빠가 할 때는 조금 아팠던 적도 있었는데 오빠가 하니까 하나도 안 아프고 오히려 너무 시원해. 시원하다는 느낌을 받아본 건 처음인 것 같아. 환한 불빛도 없는데 어떻게 이렇게 잘하는 거야?"라고 물었다. 나의 물음에 남편은 깔끔하게 딱 말 한마디를 던졌다.

남편은 나에게 "나는 눈으로 보고 하는 것이 아니라 마음으로 보고 해서 그래."라는 말을 했다. 남편의 말을 듣고 나는 생각했다. 눈으로 보고 했으면 귓속까지 볼 수 있는 밝은 불빛이 필요했을 것이다. 하지만 불도 없이 깜깜한 상태에서 그렇게 깊은 곳까지 시원하게 잘해준다는 것은 정말 마음의 눈으로 보는 것이라 할 수 있다.

나는 남편의 말을 듣고 남편에게 이렇게 말했다. "어두워도 마음의 눈으로 나의 귓속을 보는 것처럼 나의 속마음까지도 그렇게 봐주면 되겠다, 그치?" 남편은 나의 말을 듣고 맞다고 하는 의미로 한참을 웃었다. 나는 남편이 열심히 나의 귀를 닦아주는 것을 보며 생각했다. 우리 부부는 이제 눈으로 서로를 보는 것보다 마음으로 서로를 보는 게 더 잘 볼 수 있을 것이라고.

남편은 마음으로 보니 깊은 곳까지 시원하게 잘 긁어주었다. 귓속을 정리해주는 것처럼 나의 마음속 깊은 곳까지도 정리해주는 배우자라면 우리는 모두가 부러워하는 부부, 더 많이 이해하고 사랑해 줄 수 있는 부부가 되는 것이다. 남편이 나의 마음을 들여다봐주는 것처럼 물론 나도 남편의 마음 깊은 곳까지 들여다보는 아내가 되어야겠지.

나는 남편과 부산에 놀러 갔다. 나는 그때 구두를 신고 가서 운동화를 신을 때보다는 발이 편하지 않았다. 불편했다는 표현을 하는 것이 맞을 것이다. 차를 타고 이동하는 중에 내가 발을 아파하고 시간이 지날수록 구두를 신고 걷기 힘들어하니 남편이 차를 세워 갑자기 말도 없이 편의점으로 들어갔다.

남편은 무엇인가를 사서 나에게로 다가왔다. 남편의 손을 보니 걸을 때 발이 아프니 발이 아프지 않도록 슬리퍼를 신으라고 슬리퍼를 사온 것이었다. 나는 그 순간 남편을 보고 너무나 감동받았다. 내 발이 아플까 봐 뛰어가 슬리퍼도 사오고. 사실 이런 일은 연인들 사이에 흔히 있는 일일 수도 있다. 하지만 나는 첫 연애, 결혼이라서 이런 감동 또한 처음이었다.

남편이 나를 위해 슬리퍼를 사온 것에도 감동이지만, 나의 아픔과 속

마음을 들여다봐줬다는 것에 감동이었던 것 같다. 남편은 나에게 슬리퍼를 주면서 한마디 내뱉었다. "이 슬리퍼는 차에 두고 구두 신고 와서 발이 아플 때 이 슬리퍼 신고 있어." 감동에 감동을 더하니 사랑이 되었다.

나의 남편은 항상 나를 모든 면에서 세심하게 배려해주고 신경 써준다. 그리고 나의 이야기를 항상 잘 들어주고 대화가 통한다는 느낌을 항상 준다. 그만큼 남편은 나의 속마음을 들여다봐주는 사람이다. 나의 속마음을 들여다봐주니 자연스럽게 나의 마음을 알고 내가 힘들지 않도록 배려해준다.

남편이 나를 배려해주는 것을 알게 되니 나도 남편에게 잘하게 되고 남편의 입장에서 한 번 더 생각하게 된다. 이렇게 관계가 발전하면 부부 서로가 서로에게 잘해주기 때문에 행복할 수밖에 없다. 서로의 마음을 알아주며 함께 살아가는 것은 우리에게 주어진 너무 큰 행복이다. 이 행복이 평생 이어지길 바랄 뿐이다.

배우자가 자신의 마음 상태를 행동으로 표현하는 일이 많다. 즐겁고 기쁜 일이라면 다행이지만, 그렇지 않다면 싸우지 않는다고 하더라도 서로가 감정노동을 하게 된다. 그렇게 되지 않기 위해서는 단순히 행동에 집중하기보다는 어떤 이유 때문에 그런 행동이 나왔는지 속마음을 들여다봐야 한다. 결국 배우자도 자신의 속마음을 봐주고 나의 이야기를 들어봐달라는 의미로 그런 행동을 했을 것이다. 마음이 풀리면 관계도 빠르게 회복된다. 마음이 공유되면 관계가 빠르게 발전한다. 내가 먼저 배우자의 속마음을 들여다봐주면 배우자도 나의 속마음을 바라봐주는 사람이 된다. 배우자의 행동보다 속마음에 눈을 뜨는 지혜로운 사람이 되자.

02

서로에 대한 공감 능력을 키워라

그들이 원하는 공감을 주어라.
그러면 그들은 당신을 사랑할 것이다.

– 데일 카네기 –

배우자가 나의 말을 듣고 무시해버리거나, 짜증을 내면 나의 기분은 어떨까? '내가 대체 이런 사람이랑 왜 살고 있지?'라는 생각이 들게 될 것이다. 어떻게 보면 아주 당연한 것들인 나의 말에 반응해주고 공감해 주는 것만큼 좋은 것은 없다. 하지만 이 당연한 것을 하지 못하는 부부도 많다. 꼭 기억해야 한다. 배우자와의 관계를 위해서라면 공감하는 마음은 선택이 아닌 필수이다.

나는 어느 TV 프로그램에서 육아의 달인, 관계의 달인이라고 할 수 있는 오은영 박사님의 말씀을 듣게 되었다. 방송에는 한 부부와 자녀들이 나왔고 오은영 박사님은 부부에게 공감 능력에 대한 말씀을 해주셨다. 나는 오은영 박사님의 말씀을 듣고 나는 공감 능력에 대해 '~그랬구나 공감법'이라고 이름을 붙였다. 공감해주는 것은 인간관계에 있어서 아주 중요한데, 이 공감한다는 것을 어떻게 표현해줄 것인가에 대해서도 의문이다.

나는 오은영 박사님의 말씀을 통해 가장 쉽고 빠르게 공감해줄 수 있는, 그리고 내가 배우자에게 공감받고 있다는 것을 알려줄 수 있는 방법을 알게 되었다. 그 방법은 배우자의 말을 듣고 "~그랬구나."라고 표현을 해주면 된다. 예를 들면 남편이 나에게 "오늘 온종일 일하고 와서 너무 힘드네."라는 말을 했다. 대부분의 아내들은 "그래? 그럼 얼른 씻고 쉬어."라고 이야기를 할 것이다. 아내의 말을 들은 남편은 역시 나의 말을 들어도 내가 일하고 들어와서 얼마나 힘든지 공감을 해주지 않는다고 생각하며 방에 들어가버리게 될 것이다. 그럴 때 이렇게 남편에게 말하면 된다.

"나 오늘 하루 종일 일을 하고 와서 너무 힘드네."
"오늘 하루 종일 일을 하고 와서 너무 힘들구나. 많이 힘들었겠다. 오늘은 집에서 아무것도 하지 말고 푹 쉬어~."

다른 예를 들어,

"나 오늘 머리가 아파서 아무것도 하지 못할 것 같아. 오늘 놀러 가기로 했던 호텔은 다음에 놀러 가자."

"오늘 너무 머리가 아파서 아무것도 하지 못하는 상태구나. 아쉽지만 어쩔 수 없지 다음으로 미루자. 혹시 병원 가봐야 하는 거 아니야?"

이렇게 표현해주면 된다. 너무 쉽고 빠르게 공감해줄 수 있는 방법이 아닌가. 남편의 말을 그대로 한 번 언급해주면서 마지막에 '~그랬구나.'라는 말로 공감한다는 마음을 표현하는 것이다. 이런 말을 들으면 나의 말을 100% 공감하지는 못할지라도 나의 말에 공감해주려고 노력하고 있구나 하고 생각하면서 기분이 좋고 공감해주는 배우자에게 무척이나 고마운 마음을 느낄 것이다. 아마 공감해주는 아내에게 너무 감동받아 남편도 아내의 말에 공감해주려고 많은 노력을 할 것이다.

이런 말을 함으로써 실제로 평소보다 공감이 더 많이 되기도 하고 서로 공감해주는 부부 사이에 관계가 더 좋아진다. 배우자와 관계가 썩 좋지 않다면 이러한 공감해주는 언어로 대화해보길 추천한다. 생각보다 많은 부분들을 공감할 수 있고 공감과 더불어 서로에 대해 더 이해할 수 있게 될 것이다.

상대방에게 공감을 해주기란 쉽지 않다. 배우자일수록 더 어렵다. 배우자는 이미 나에게 너무 익숙한 존재이기 때문이다. 참 이상하게도 익숙해질수록 서로에게 무뎌지고 못난 모습만 더 보여주게 된다. 공감하는 것도 계속해본 사람이나 할 줄 알지, 해보지도 않던 사람이 갑자기 공감하는 것은 쉬운 일이 아니다. 내가 느끼는 감정이 아닌 상대방이 느끼는 감정을 내가 고스란히 느끼며, 그 감정에 대해 이해해주어야 하기 때문이다.

나는 이동하는 차 안에서 남편에게 '~그랬구나' 공감법을 알려주었다. 남편은 정말 좋은 방법이라며 나의 말에 공감해주는 말을 하며 한참을 웃어댔다. 좋은 방법이면서도 배우자의 말을 그대로 따라 말하는 것이 너무 웃기다고 했다. 나도 웃는 남편을 따라 "내가 말해준 공감법이 너무 웃겼구나~." 하며 같이 웃었다. 나의 말을 들은 남편은 더 많이 웃었다.

방법만 알면 누구나 노력할 수 있고 좋은 방법을 시도하면서 관계를 개선해나갈 수 있다. 만약 내가 '~그랬구나' 공감법을 남편에게 말하지 않았다면 남편은 알 수 없을 뿐만 아니라, 남편은 나에게 공감을 살 수도 없었다. 그렇지만 '~그랬구나' 공감법을 알고 함께 실천해감에 따라 나를 좀 더 공감해줄 수 있게 되었고 자신도 공감을 얻을 수 있게 되었다.

하지만 방법을 안다고 하더라도 부부 관계에서 노력하는 것은 너무나 어렵고 힘들 수 있다. 그렇지만 행동을 시작해서 노력하기만 한다면 내가 노력했던 것을 얻을 수 있고 내가 얻는 것으로 인해 관계와 인생이 바뀔 수 있다. 노력하지 않고 얻을 수 있는 것은 아무것도 없다는 것은 누구보다도 잘 알고 있지 않은가. 노력해서 얻는 과정이 힘든 것이지 노력하는 만큼 얻었을 때 뿌듯함도 더 많이 느끼게 될 것이다.

부부 관계는 노력한 만큼 보인다. 노력하지 않으면 나의 배우자와 가정을 제대로 돌봐줄 수 없다. 가족 구성원에는 각자가 해야 할 역할들이 있다. 그래서 내가 속한 가족에 책임감이 생길 것이고 책임감이 생기는 만큼 가족을 지키려고 더 많은 노력을 할 것이다. 노력 없는 행복은 절대 있을 수가 없다. 노력하는 만큼 행복해질 것이다. 배우자의 행복이 곧 나의 행복이 된다는 것을 항상 생각해야 한다.

나의 지인 A씨가 나에게 했던 말이 있다. "남자들은 아기를 낳아보지도 않았으면서 임신과 출산이 얼마나 힘든지도 모르고 자녀를 한 명 더 낳았으면 좋겠다는 게 말이 되니?" A씨는 임신과 출산 즉 자녀의 문제로 서로 의견이 맞지 않아서 남편과 다투는 날이 많았다고 한다. 그래서 자녀에 대한 대화를 할 때마다 너무 마음이 힘들다고 말했다. 남편은 자기의 말을 전혀 듣지 않아서 자기 혼자 이야기를 하고 있다는 생각이 든다는 것이다.

자녀에 대한 이야기만 시작하면 서로 언성이 높아지고 감정노동을 하는 이런 부부 사이가 행복해 보이는가? 오히려 아내는 자녀 문제에 대해 스트레스를 받아서 당장 어디에라도 숨고 싶다는 생각이 들고 어쩌면 집을 떠나버리고 싶다는 생각이 들 수도 있을 것이다. 남자들이 힘들 때 동굴을 찾는 것처럼 말이다.

A씨는 나에게 남편이 자기의 말에 한 번이라도 진심으로 공감해주었으면 좋겠다는 말을 했다. 남편은 결혼 후에 아내의 입장을 무시해버린 채 본인의 입장만 내세우는 모습으로 변해 자기를 아끼고 사랑해주던 예전의 남편 모습이 그립다고 말했다. 나는 A씨의 말을 듣고 앞으로 나에게 다가올 미래인가 하는 생각에 잠겼다.

공감하지 못하면 부부생활과 가정은 결코 행복할 수 없다. 배우자가 나의 이야기를 듣고 있는지, 나의 자녀가 나의 말을 잘 이해했는지도 모르는 대화를 해야 하기 때문이다. 이런 것들이 '벽보고 대화한다.'라는 표현을 쓸 수 있을 것이다. 그래도 사랑해서 이 사람을 선택했고 이 사람과 평생을 약속했는데 '나는 이 사람과 살아서 매일 행복하다.'라는 생각을 하면 너무 좋겠지만, '행복하다'라는 생각은 하지 못해도, '나는 결혼해서 불행하다. 내가 이 사람을 선택한 것은 나의 최대 실수이다.'라는 생각은 하지 않으면서 살아야 하지 않겠는가.

아마 나의 남편이 나의 말에 반응이 없고 이해해주지 않는다면 나는 남편과 정말 많이 싸웠을 것 같다는 생각을 한다. 나는 더군다나 내가 말하는 것에 반응해주고 공감해주길 바라는 사람인데 그것을 남편이 해주지 못한다면 애초에 결혼을 선택하지 않았을 것이다. 남편은 나의 이야기를 잘 들어주고 나의 말에 정말 많이 공감해준다. 어떻게 보면 내가 남편에게 하는 말이 다 맞는 말이기도 하다. 나는 나의 말에 공감해주는 남편과 함께해서 너무 행복한 삶을 살아가고 있다.

공감만 잘 해주어도 부부 사이는 싸울 일이 없다. 공감한다는 것이 결국에는 '역지사지'의 마음과 동일하기 때문이다. 내가 상대방의 입장이 되어 생각해보는 것, 그 마음 하나만 있으면 무슨 일이든, 어떤 마음이든 다 이해해주고 헤아려줄 수 있다. 나는 '나', 너는 '너', 우리는 한 사람이 아니라는 생각은 배우자에게 공감할 수 없도록 한다. 하지만 공감 능력을 통해 배우자의 마음을 더 깊이 알아가야 하고 그러한 과정 속에서 부부는 진정한 한마음을 가지고 있는 한 사람이 된다. 결혼하기 전이라면 상대방이 나의 말과 마음에 공감을 해주는 사람인지 꼭 생각해봐야 한다.

나의 한계를 당당하게 알려라

미숙한 사랑은 '당신이 필요해서 당신을 사랑한다'고 하지만
성숙한 사랑은 '사랑하니까 당신이 필요하다'고 한다.

- 윈스턴 처칠 -

우리는 혼자 살아갈 수 없는 존재이다. 나는 연약한 사람이라는 것을 너무나 잘 안다. 부모님과 함께 살아갈 때는 부모님이 내가 부족하지 않도록, 살아가는 데 힘들지 않고 도움이 되는 것들을 가득 채워주셨기 때문에 나의 한계를 느끼지 못했다. 그렇지만 결혼 후 나에게도 내가 뛰어넘을 수 없는 한계점들이 있다는 것을 알게 되었다.

나는 남편과 결혼한 후 일을 하지 않았을 때도 있었고 일할 때도 있었다. 요즘은 여성들이 사회에서 활동을 많이 하고 '커리어우먼'이라는 말

이 나올 만큼 여성의 지위도 많이 높아졌다. 여자가 직장 때문에 집안일을 할 수 없다면 집안을 관리해줄 수 있는 도우미의 도움을 받기도 한다. 집에서 집안 살림만 하며 남편을 뒷바라지해주는 여성의 시대는 이제 옛날이야기다.

나는 내가 좋아하는 일이고 나의 전공을 살릴 수 있는 일이기 때문에 직장을 다닌 것이지만, 내가 직장을 다닐 때와 다니지 않을 때 집의 분위기가 달랐다. 직장을 다니지 않을 때는 마음의 여유도 있고 집안일도 척척했는데, 일을 하게 되니 집안일도 약간 소홀해지는 것 같고 요리하는 것도 조금씩 줄어들어 가끔은 밖에서 사 먹거나 엄마 반찬 찬스를 쓸 때도 있었다.

물론 누군가는 나에게 "핑계다! 부지런히 움직이면 다 할 수 있는데 그렇지 않아서 그렇다."라고 말할 수도 있겠지만 모두 알다시피 직장을 다니며 집안일을 모두 잘 해내기란 쉽지 않다.

그래서 나는 내가 일할 때 특히 남편에게 집안일 도움을 청했다. 부부가 같이 일을 한다면 집안일도 부부가 같이하는 것이 맞다. 집안일을 함께 한다는 것을 기성세대가 본다면 이해하지 못할 수도 있겠지만, 점점 변화되고 있는 이 시대에 맞춰가는 것이 맞다.

똑같이 밖에서 일하고 집에 들어와 몸과 마음이 지쳐 있는 상태로 저녁에 만나는데 누구는 쉬고 누구는 집안일 하느라 앉지도 못하고 힘들게 일하는 것은 너무 힘든 마음에 속상하기도 하고 울분도 터질 것이다. 결국 혼자 집안일 하는 것은 아내의 몫이라는 것을 안다. 그래도 정말 다행인 것은 시대가 변화함에 따라 남편들의 마인드도 많이 달라졌다는 것이다. 집안일은 아내가 해야지 하는 기성세대와는 달리 집안일이라도 아내를 도와주는 남편들이 많다.

나는 일을 할 때 남편에게 "나도 일하고 들어오면 똑같이 힘든데 집안일을 함께 했으면 좋겠어."라고 말했다. 남편은 나의 말을 이해해주었고 집안일을 잘 도와주었다. 남편은 집안일을 도와주는 사람 중 한 명이다. 그러한 점 또한 결혼을 너무 잘했다는 생각이 드는 이유 중 한 부분인 것 같다. 내가 빨래를 정리하려고 하면 남편은 "빨래 정리하게? 같이 하자."라고 말한다. 그러면 나는 "그냥 오빠 일 해. 오빠는 빨래 널었으니 내가 정리할게." 빨래를 정리하고 있는 나의 모습을 보면 오히려 남편이 나에게 말한다. "진짜 공평하게 하네 하하."

부부가 함께 직장생활을 하고 있다면 집안일을 나누어 하는 것이 좋지만 아내가 직장을 다니지 않는 주부라고 해도 아내가 하기 어려운 부분에 대해서는 남편이 당연히 함께 해주는 것이 맞다. 이렇게 생각하면 더 편할 것이다. '집안일은 원래 내가 해야 할 일인데 배우자가 해주는 것이다.'라고. 집안일은 아내가 해야 할 일이 아니다. 원래는 내가 해야 할 일을 아내가 도와주는 것이다. 그렇기 때문에 내가 할 수 있는 일, 내가 아내를 위해 도와줄 수 있는 일을 무조건 함께하길 바란다.

나의 힘듦을 남편에게 직접적으로, 명확하게 말하는 것이 좋다. 세심한 남자가 아니라면 남자들은 단순해서 말로 표현하지 않으면 여자의 마음을 잘 알지 못하기 때문이다. 엄마의 말을 들어보면 나는 어렸을 때부터 엄마에게 내가 원하는 것을 명확하게 요구하는 딸이었던 것 같다. 하고 싶은 것, 먹고 싶은 것, 배우고 싶은 것 등등. 엄마의 입장에서 본다면 부담스러웠을 수도 있지만 그래도 내 입장에서 생각하면 내가 엄마에게 요구했기 때문에 원하는 것들을 얻을 수 있었던 것 같다.

나는 결혼해서도 남편에게 내가 원하는 것, 먹고 싶은 것, 배우고 싶은 것들을 말했고 집안일을 함에 있어서 내가 할 수 없는 일, 힘든 일들을 함께 해달라고 말했다. 남편은 나의 말을 듣고 내가 할 수 없는 부분들에 대해 인정하고 남편이 해줄 수 있는 것은 무조건 도와주었다. 남편이 나를 위해 도와주었던 것을 보면 형광등 설치, 화장실 청소, 무거운 물건 옮기기, 전자 제품 설치 등이었다. 어떻게 보면 힘든 일이지만 내가 꼭 못 하는 일도 아니다. 하지만 남편이 나를 도와주며 집안일에 대해 더 관심 가질 수 있도록 해주고 집안일도 함께 해야 한다는 마인드를 심어주었기 때문에 그걸로 성공했다고 생각했다.

내가 일할 때 원장 선생님께서 나에게 그런 말씀을 해주셨다. 여자가 너무 다 잘하면 남자가 해줄 수 있는 것이 없다고 남자가 할 수 있는 기회도 주어야 한다고 그래야 여자를 도와주어야 한다는 마음이 생겨서 함께 살아간다는 것을 느낄 수 있는 것이라고. 그래서 나는 그 말씀을 듣고 내가 하기에 힘든 일이거나, 함께 하고 싶은 일이라면 남편에게 꼭 함께 하자고 말한다.

남자들에게 이상형이 어떻게 되냐고 물어보면 '보호 본능을 일으키는 여자'가 이상형이라고 말하는 사람이 있다. 그만큼 아내들이 힘든 일이 있을 때 남편에게 말한다면 남편은 "귀찮게 하지 마라"는 말을 하면서도 본인이 아내를 도와줄 수 있는 사람이라는 것에 내심 뿌듯한 마음을 느낀다. 남편들이 표현을 안 하기 때문에 아내들이 모르는 것뿐이다.

여기서 정말 중요한 것은 내가 힘든 일을 남편에게 부탁했고 남편이 나의 부탁을 잘 들어주고 문제를 해결해준다면 꼭 해야 할 것이 있다는 것이다. 모두가 알듯이 '감사의 말'이다. 감사를 통해 감사하는 나도 기분이 좋아지고 감사의 말을 듣는 남편도 기분이 좋다. 이로써 남편은 아내가 할 수 없는 일들을 인정하며, 인식하며 다음부터는 말하지 않아도 자발적으로 남편이 일할 수 있도록 한다. 남편에게 자신의 한계를 알림으로써 서로가 좋다.

나는 얼마 전 새벽에 자다가 속이 뒤틀리는 느낌으로 속이 쓰린 적이 있었다. 새벽이라서 병원을 가려면 응급실을 갈 수도 있었지만 나는 화장실도 가보고 물도 마시며 참았다. 무엇보다 잘 자고 있는 남편을 깨우기가 싫었다. 출근도 해야 하는데 새벽에 못 자고 일어나면 하루가 너무 피곤할 것 같았기 때문이다. 나는 참으며 잠이 들었고 아침이 되었다. 아침이 되니 살 것 같았다. 언제 그렇게 아팠냐는 듯이 괜찮아졌다.

나는 남편에게 새벽에 아팠던 일에 대해 이야기를 했다. 남편은 깜짝 놀라며 "그 정도로 아팠으면 깨워서 병원을 가지 왜 참았어?"라고 하는 것이었다. 나는 남편에게 잘 자는 사람 깨우기가 미안했다고 말했다. 남편은 다음부터 그런 일이 있으면 새벽이라도 꼭 말하라고 했다. 남편은 내가 말하지 않으면 나의 마음과 감정, 아픈 것까지 알 수가 없다. 나의 모든 것, 나의 한계까지도 모두 말해야 한다. 그래야 남편은 나를 알아봐 준다. 무조건 참는 것이 능사는 아니다. 배려가 아니다.

상대방과 오랜 관계를 유지하지 않을 것이라면 애초에 상대방에게 시간, 감정 등을 쏟지 않는 것이 백 번 현명한 것이다. 관계가 끝나면 나에게는 상처만 남기 때문이다. 하지만 이 사람과 평생 함께할 생각이라면 나의 모든 것을 상대방에게 알리는 것이 서로에게 좋은 일이다. 서로에게 오해를 만들지 않는 일이며, 더욱 깊은 관계를 맺을 수 있는 빠른 길이다.

'나는 배우자에게 나의 한계와 단점, 부끄러운 부분에 대해 알리는 사람인가?'

지금 생각해보면 나는 결혼 후 내 마음속에 "결혼은 일찍 해서 어른스러워 보일지 모르겠지만 나는 아직 어리다."라는 마음이 있었던 것 같다. 물론 20세가 넘었으니 부모님으로부터 독립해야 한다는 생각은 가지고 있었지만, 결혼 소식을 주위 어른들에게 알려 드릴 때마다 아직 어린데 왜 그렇게 빨리 시집가냐는 말씀이 나의 머리속 한구석에 박혔나보다.

이런 어린 생각과 말들이 나를 더 좋은 아내, 더 어른스러운 아내, 더 잘 해내는 아내가 될 수 없게 했던 것 같다. 나는 어릴 때부터 '사람은 누구나 부족하고 실수투성이다. 하지만 상황과 환경이 사람을 만든다.'라는 생각을 하며 살았다. 그래서 나는 부족한 사람이지만 자리가 나를 만들고 나아가 내가 만나는 사람들의 영향으로 인해 성장하고 성공할 것이라는 생각을 갖고 살아왔다.

나는 결혼 후에도 결혼 전과 마찬가지로 부족한 부분들이 너무나 많다. 가끔은 남편에게 어리광을 피울 때도 있다. 나를 돌아보면 너무나 부끄러운 말과 행동을 했다고 느낄 때도 있다. 그런데 나는 결혼생활을 하며 깨달은 것이 있다. 남편 앞에서 부끄러움이란 없다는 것을. 남편은 나의 단점과 어리광, 부끄러움, 짜증까지도 다 받아줄 수 있는 사람이라는 것을.

부부 사이에는 부끄러움이 없다. 있어도 없어야 하고 없애야 한다. 나의 모든 것을 다 드러내야 한다. 그것이 부부간의 갈등을 만들지 않는 길이다. 나의 부족한 모습 때문에 싸움이 일어난다고 할지라도 나의 모습을 다 드러낸 만큼 서로를 이해하고 화해할 수 있다. 부부간에 부끄러운 것이 있다는 것 자체가 숨기고 싶은 마음이 있다는 것이고 숨기고 싶은 마음 자체가 진실되지 못한 관계이다. 그래서 결국 서로를 이해하지 못하게 되고 관계가 틀어지는 상황이 오게 되는 것이다.

자신의 단점과 한계를 배우자에게 말하는 것은 절대 부끄러운 일이 아니다. 부끄럽다고 생각하니 부끄럽게 되는 것이다. 나의 단점과 한계일지라도 그것 또한 나의 모습의 일부라고 생각해야 한다. 부끄러운 일은 싸울 일도 아니며. 서로 상처받을 일도 아니다. 오히려 나의 모든 것을 말하지 않고 꼭꼭 숨기려고 할 때 문제는 더 크게 일어나고 싸우게 되고 상처를 준다. 그러니 자신의 한계와 밑바닥까지 배우자에게 드러내자. 나를 드러내는 만큼 서로의 존재를 인정하며 집안일의 균형도 맞춰가게 되고 서로의 부족한 부분을 채워갈 수 있다. 진정으로 서로를 위하는 부부가 될 수 있다.

타인과의 비교는 부부생활의 덫이다

우리가 항상 어떤 것이나 어떤 사람과 비교하는 것이
갈등의 가장 큰 원인이다.

- 탈무드 -

산속에 덫을 놓는 것은 여러 가지 목적들이 있지만 결국 그 덫을 밟은 동물은 큰 상처를 입거나 목숨을 잃게 된다. 부부생활 속에서 자신의 배우자를 다른 이와 비교한다는 것은 부부생활 속에 덫을 놓는 행위와도 같은 것이다. 그렇게 되면 행복한 부부생활을 지속시킬 수 없게 되고 싸움의 원인을 만들고 마음속으로는 이미 배우자에 대한 마음이 떠난 상태에 이르게 된다.

나는 어렸을 때 엄마에게 많은 비교를 당한 것은 아니었지만, 가끔은 다른 이와 비교를 당했을 때가 있었다. 지금에 와서는 내가 더 성장할 수 있도록 해주는 원동력이라고 생각하시고 말씀하셨을 것이지만, 그 당시에는 속상해했던 기억이 있다. 엄마는 내가 피아노를 치고 내려오면 "연습 많이 해야 되겠다. 누구는 잘하는데 너는 지금 피아노를 어렸을 때부터 몇 년이나 배웠는데 아직도 그게 잘 안 되냐."는 말을 하셨다. 엄마의 그런 말은 마음 한구석에 상처로 남게 되었다.

엄마의 비교를 지금 와서 생각해보면 엄마는 나의 연주를 항상 듣고 계시고 내가 더욱 성장할 수 있도록 피드백해주신 것과 다름이 없다. 그 때는 어린 마음에 잘 몰랐지만, 지금은 엄마의 마음을 조금이나마 이해할 것 같다. 그리고 그런 시간을 잘 견뎌온 나는 지금의 자리까지 올 수 있었다고 생각한다. 최근에 내가 피아노 연주를 할 일이 있었다. 나는 피아노를 잘 치는 전공생보다 더 많은 노력을 해야 했다. 전공생들이 100% 노력하면 나는 200% 이상을 더 노력해야 했다. 나는 200% 이상 노력해도 무대에 서면 100%의 실력도 보여주지 못하고 내려올 때가 많다는 것을 스스로가 알고 있었기 때문이다.

이번엔 엄마가 나의 연주를 듣고 어쩌면 처음으로 아낌없는 칭찬을 해주었던 것 같다. "곡이 너무 좋네, 이번에는 연습한 티가 많이 나더라." 등 엄마의 칭찬을 들은 나는 너무 기분이 좋았다. 엄마에게 인정받는 사람이 된 것 같았다. 너무 기분이 좋았고 내가 진짜 멋진 연주자가 된 기분이었다. 만약 어렸을 때부터 내가 다 틀리게 연주하더라도 엄마가 칭찬해주고 응원해주었더라면 나는 어떻게 되었을지 궁금하다.

사람들 대부분은 사람을 남과 비교해 부족하다는 것을 알려주어야 현실을 직시하고 더 성장하는 줄 안다. 하지만 절대 그렇지 않다. 비교가 아닌 칭찬이 사람을 더 성장하게 한다. 다른 사람과 비교하는 것을 좋아하는 사람은 이 세상에 아무도 없다. '나' 자체로 인정받고 존중받고 싶어하는 것이 사람의 마음이다. 자신이 사람과의 관계에 있어서 칭찬받고 자기 자신의 모습 그대로를 인정받는 것만큼 행복한 일은 없다.

엄마는 내가 빵을 먹을 때 빵 부스러기를 흘리고 먹으면 항상 하는 말이 있었다. "어린아이들도 안 흘리고 먹는데 왜 이렇게 흘리고 먹어."라는 말이었다. 그런데 참 놀랍게도 결혼하고 보니 남편이 음식을 먹을 때 흘리는 꼴을 탐탁지 않게 여기는 나의 모습을 보게 되었다. 그런 나의 모습을 깨닫고 너무 놀랐다. 내가 싫어했던 말을 남편에게 똑같이 하고 있으니 말이다. 나도 엄마와 똑같이 남편을 어린아이와 비교하고 있다는 것을 알게 되었다. 나는 남편이 흘리고 먹는 모습을 보면 휴지로 닦거나, 흘리지 말고 먹어달라는 신호를 보낸다. 말하지 않아도 남편은 내가 무엇을 원하는지 잘 알고 있다. 그래서 내가 좋지 않은 표정을 하고 있으면 남편도 덩달아 표정이 좋지 않아진다. 남편도 말은 하지 않지만 알게 모르게 나의 미묘한 감정을 알아차리고 있었다.

내가 배우자를 위해 자신 없는 요리를 열심히 만들어주었다. 그런데 배우자는 한입 먹고는 "아 맛없어. A는 요리되게 잘하던데 너는 요리를 왜 이렇게 못해?"라고 한다면 어떤 상황이 벌어질지 상상해보자. 아마도 나는 그 요리를 싱크대에 다 버려버리고 싶은 심정일 것이다. '다시는 내가 배우자에게 요리 해주나 봐라.'라는 생각을 하게 될 것이다. 그리고 배우자는 맛이 없다는 말을 두뇌에 보냈으니 아내가 해주는 모든 요리는 맛이 없는 요리라고 인식되어 앞으로도 맛없는 요리를 먹게 될 것이다.

이런 상황에서 볼 때 다른 사람과의 비교는 집안일을 못 하는 게 아니라 안 하고 싶게 만든다. 일을 함에 있어서 못하는 것과 안 하는 것은 다르다. 못하는 것은 일을 잘할 수 없는 것이고 안 하는 것은 일을 할 수 있음에도 불구하고 하지 않는 것이다. 비교하는 것은 배우자가 일을 안 하게 하는 것이니 부부생활에 있어 절대 하면 안 된다는 것을 알아야 한다. 결국 배우자를 남과 비교하면 나에게 불행이 찾아올 것이다.

보통은 요리를 아내가 담당하는 편이다. 그렇지만 아내의 요리에 대한 '나'의 반응이 좋지 않다면 매일 본인이 직접 만들어 먹어야 하는 불상사가 일어날 것이다. 이것은 결혼한 전과 후가 다를 것 없는 자신의 모습을 보게 될 것이다. 나아가 부부 관계가 점점 소통이 없는 불행한 결혼생활의 모습을 하고 있게 된다. 그런데 참 웃기게도 요리를 못하는 사람이 꼭 다른 사람의 요리에 대해 부정적으로 평가하는 것을 너무 좋아한다.

남편은 나와 결혼생활을 하면서 다른 이와 비교한 적이 단 한 번도 없다. 그만큼 나를 믿어주고 내가 어떤 일을 하든 잘한다고 칭찬해주었다. 내가 못하는 요리를 용기 내어 할 수 있었던 이유도 아마 남편이 나의 요리에 대한 도전에 박수쳐주고 맛있게 먹어준 덕분이라고 생각한다. 나 또한 나의 요리를 먹고 맛없다고 했다면 나는 남편에게 요리를 해줄 수 없었을 것이다. 지금의 요리하는 나의 모습은 남편이 만들어주었다고 해도 과언이 아니다.

결국 배우자가 아무리 못해도 칭찬을 통해 잘할 수 있도록 격려해야하며, 못하더라도 하고 싶은 마음이 생길 수 있도록 이끌어주어야 한다. 그것이 지혜로운 배우자의 역할이 아닐까 생각된다. 무엇보다 부부 각자가 해야 할 집안일을 알고 행동하는 것은 생각보다 너무 행복한 일이다. 서로 해야 할 일을 하지 않으면 가정에 소홀해지고 "내가 안 해도 배우자가 당연히 하겠지?"라는 생각을 하면서 다른 한 사람이 모든 집안일을 다 맡아 하게 하여 집안일과 부부 관계에 지쳐가는 일이 일어나게 된다.

이런 일이 일어나지 않도록 모두가 노력해야 한다. 비교의 말, 부정적인 말보다는 칭찬의 말, 용기의 말을 하여 서로가 행복하게 집안일을 할 수 있어야 한다. '칭찬은 배우자를 춤추게 한다.', '칭찬은 배우자가 집안일을 행복하게 할 수 있게 한다.', '칭찬은 부부 관계를 좋아지게 한다.'라는 것을 항상 기억하자.

나도 사람인지라 나도 모르는 사이에 남편을 다른 이와 비교하는 말이 나올 수 있고 남편이 진심으로 성장하길 바라는 마음에서 남과 비교하는 말을 할 때도 있다. 그렇지만 결국 남과 비교하는 것은 배우자를 발전시키는 것이 아니라 반감이 생기게 만든다. 비교하는 말을 통해 서로에게 마음이 상하고 반감이 생긴 부부 사이는 점점 멀어져만 간다.

보통의 사람들은 다른 사람과 비교를 당하면 반감이 생기는데 이것은 다른 사람과 비교당하면 "아, 내가 이런 모습을 하면 안 되겠구나, 변화해야지."가 아닌, "그럼 그 사람한테 가서 살아라." 이렇게 부정적인 생각으로 흘러가게 되기 때문이다. 말하는 사람의 입장에서는 좋은 의도로 하는 말이지만 이렇게 안 좋은 방향으로 흘러가는 것은 상대방은 애초에 다른 사람과 자신을 비교하는 것을 이미 알고 있기 때문일 것이다.

내가 남편에게 일적인 부분에 대해서 부탁을 할 때, 칭찬도 해보고 남과 비교도 해봤지만 결국에는 남편에게 칭찬을 해주는 것이 훨씬 더 좋은 성과를 얻을 수 있게 해준다. "칭찬은 고래도 춤추게 한다."라는 속담이 있듯이 칭찬을 해주면 남편은 시키지 않는 일까지 더 열심히 한다. 그러니 다른 이와 비교를 해서 배우자에게 반감을 살 것이 아니라 칭찬의 말, 사랑의 말을 통해 남편이 더 열심히 할 수 있도록 하고 집안일을 할 때 기분 좋게, 더 기분 좋게 할 수 있도록 해주는 것이 지혜로운 아내의 모습이다.

비교하는 것은 부부생활의 덫이다. 부부도 비교라는 덫을 밟으면 큰 상처를 입거나 목숨을 잃는 것과 같은 이혼이라는 것을 하게 될지 모른다. 그래서 비교라는 덫을 놓지 않도록 해야 한다, 사실 비교하지 않는 방법은 상대방이 나를 위해 해주는 일들에 감사한 마음을 가지면 된다. 나를 위해 노력하고 있다는 것을 생각해주면 된다. 그리고 나의 눈에 부족한 모습이 보일 때는 역으로 배우자의 좋은 부분들을 마음속으로 생각한다. 이러한 긍정적인 생각으로 인해서 배우자의 안 좋은 모습들 속에서도 좋은 모습을 찾으려고 노력하게 된다. 나는 남편을 다른 누군가와 비교하지 않으려고 노력한다. 그래서 덫이 없는 고요한 산속과 같은 가정을 만들어간다. 나의 노력으로 인해 고요한 산속에 사는 것 같은 행복을 느끼며 살아간다.

싸우는 것도 전략적으로 하라

부부도 사람이기 때문에 싸운다. "우리 부부는 싸우지 않아요."라고 말하는 부부들은 싸우지 않는다고 하더라도 힘든 감정노동을 한다. 어쩌면 힘든 감정노동을 하는 것보다 싸우는 것이 훨씬 더 낫다. 잘 싸우고 잘 화해하면 된다. 그리고 이로 인해 서로 더 알아가고 배려하며 사랑하는 부부 관계를 맺어가게 된다.

학교에서나 집에서나 잘 놀고 있던 아이들에게 싸움이 일어나면 어른들은 아이들의 싸움을 말리면서 꼭 물어보는 말이 있다.

"누가 먼저 때렸어?"

"누가 먼저 잘못했어?"

아이들은 선생님의 질문에 대답할 것이고 답변을 들은 선생님은 먼저 잘못한 사람이 사과하라고 말씀하신다. 그렇게 아이들은 마음에도 없는 사과를 하면서 싸움을 멈춘다. 그리고 어느 정도의 시간이 지나면 언제 싸웠냐는 듯이 서로 재밌게 잘 논다.

부부 사이에도 싸움이 일어난다면 누구의 잘못으로 인해 일어난 일인지 파악하는 것이 중요하다. "부부는 어린애도 아니고 다 큰 성인인데 꼭 그렇게까지 해야 할 필요가 있을까?"라는 생각이 들 수도 있다. 하지만 아이들이 마음에도 없는 사과를 하고 아무 일도 없었다는 듯이 다시 놀 수 있었던 이유는 누가 먼저 잘못했는지 알고 잘못한 사람이 먼저 사과했기 때문이다.

부부 관계에서도 마찬가지이다. 누가 먼저 잘못했는지 상황 파악을 해야 한다. 누가 먼저 잘못했는지 파악하는 것은 유치한 일이라고 할 수 있지만 반대로 생각하면 잘못한 사람이 다시는 같은 일로 싸움을 반복하지 않게 할 수 있다. 그리고 억울한 사람이 생기지 않는다. 또한 내가 이러한 말과 행동을 한다면 배우자가 몹시 기분 나빠하고 싫어한다는 것을 알 수 있고 나의 실수를 줄일 수 있도록 노력할 수 있다. 부부간의 갈등에 상황을 파악했다면 더 빠르게 사과하고 마무리 지을 수 있다. 그렇게하지 않으면 부부 관계에서는 어른이라는 생각 때문에 쉽게 사과의 말을하지 못하게 된다. 어른들은 자존심이 중요하기 때문이다. 이렇게 되면 부부 사이의 안 좋은 감정은 점점 깊어지며, 불행한 생활을 하게 된다.

부부 사이라 해도 결국 모든 갈등은 원인을 제공한 사람이 있을 것이다. 이 사람이 자신의 잘못을 깨닫고 배우자에게 용서를 구하며 다시는 그러지 않겠다고 약속하는 것이 제일 쉽고 빠르게 관계를 개선해나가는방법이다. 아무리 용서를 구하고 다시는 이런 실수를 하지 않겠다고 약속해도 사람이 당장 변화하는 것은 쉽지 않다. 그렇지만 배우자 된 도리로 나의 실수를 인정하고 좋은 모습으로 바꿔나가도록 노력하는 것이 맞다. 그것이 부부간에 좋은 관계를 맺는 방법이다.

아파서 병원을 가면 의사든 한의사는 어디가 아픈지 왜 이런 병이 생겼는지 진단을 한다. 진단이 끝난 후에는 왜 이런 병이 생겨난 것인지 설명해주신다. 그리고 마지막에는 다시 이런 병이 생기게 하지 않기 위해서는 어떠한 노력을 해야 할 것인지에 대해 자세히 알려주신다. 이런 방법을 알려주시는 이유는 같은 병이 재발하지 않기 위함이다. 부부 관계도 마찬가지이다. 싸움의 원인을 알고 앞으로 싸움을 하지 않기 위해 이해와 노력이 필요하다.

부부가 서로 함께 살아가다 보면 "이 사람은 참 나랑 맞지 않는 사람이 구나."라는 것을 느낀다. 당연하다. 여자 남자 다르고 어떤 가정환경에서 자라왔는지에 따라 가치관도 다르다. 그렇지만 나와는 맞지 않는다고 무작정 결혼을 포기하는 부부는 드물다. 맞춰가려고 노력한다. 많이 싸우고 화해하는 것을 수도 없이 반복하더라도 내가 선택한 사람이니 이해하며 살아가려고 한다.

그렇지만 배우자와의 갈등 속에서 여러 가지 갈등들을 해결하기 위해 싸우기도 하고 이해해보려고 노력도 했지만 극복할 수 없을 만큼 힘든 문제들이 있다. 이럴 때는 힘든 부부 관계 속에서 우리가 극복할 수 없는 문제들도 있다는 것을 알고 자신의 마음을 다스리며 문제를 내려놓는 연습을 해야 한다.

아무리 노력해도 해결되지 않는 문제는 "원래 이 사람은 이런 모습이 구나."라고 인정해야 한다. 그것이 나의 마음을 내려놓고 스트레스 받지 않는 방법이다. 상대방의 모습을 있는 그대로 인정하지 않으면 결국 배우자를 이상한 사람으로 만드는 것은 정작 '나'라는 것을 알아야 한다. 내가 생각해놓은 틀에 배우자가 맞지 않으면 "어? 왜 안 맞지? 이상하네?"

라고 생각하게 되어 결국 배우자는 내가 정해놓은 틀에 맞지 않기 때문에 이상한 사람이 되고 싸우게 되는 것이다.

웃기게도 사람을 동그라미로 보면 그 사람은 동그라미가 되고 세모로 보면 그 사람은 세모가 된다. 내가 어떻게 보느냐에 따라서 상대방이 내가 보는 그대로의 모습을 하고 있게 된다. 나는 나의 멘토인 〈한국석세스라이프스쿨〉 권동희 대표님께 "나의 정의는 내가 내려야 한다. 그렇지 않으면 사람들이 나를 정의 내린 것에 맞추는 삶을 살아가게 되어 나는 없어질 것이다."라고 배웠다. 이제 나는 권동희 대표님 말씀의 뜻을 진정으로 알아차린 것 같다. 그렇기 때문에 배우자일수록 더 배우자의 모습을 인정해주고 있는 그대로 바라봐야 한다.

부부 갈등 속 싸움이 일어나야 하는 상황에서 싸우지 않는 것도 어쩌면 하나의 전략이 될 수 있다. '싸우는 전략에서 싸우지 마라?' 이해가 잘 되지 않는 부분일 수도 있다. 결국 부부가 싸우는 본질적인 이유를 생각해보면 맞지 않는 관계를 맞추어가려고 노력하는 것이다. 싸움을 해서라도 나와 맞지 않는 부분을 맞춰가며 행복하게 살아가려고 하는 노력이다. 싸우는 것은 결국 행복한 길로 가려고 하는 마음 때문에 일어나는 것이다.

이러한 점에서 본다면 '싸우지 않고 한숨 쉬고 대화를 하는 것이다.' 이런 방법은 내가 남편과 싸우지 않고 행복하게 살아갈 방법 중 가장 좋은 방법이라고 생각한다. 일단 서로에게 화난 마음의 불을 끄는 것이다. 그 것만 해도 싸움을 80% 이상 줄일 수 있다. 각자 방에서 마음을 다스리는 시간을 갖은 후에 대화로 싸움의 원인이 되는 문제를 해결해나가는 것이 다. 이렇게 나의 본래 모습을 되찾는다면 싸움이 일어난 순간에 남편을 조금 더 남편의 모습 그대로 볼 수 있게 된다.

이 세상에는 부부가 함께 살아가며 싸우지 않고 행복하기만 한 부부 도 있을 것이다. 극소수의 부부일 테지만 이런 부부에게는 싸우는 전략 을 아무리 말해줘도 필요 없을 것이다. 하지만 자주 부딪히는 부부라면 앞으로는 싸우는 방법의 전략은 화해하는 법이라고 말하고 싶다. 싸움의 끝은 화해라는 것을. 그리고 행복과 사랑이라는 것을 느끼게 해주고 싶 다.

남편과 내가 감정노동을 겪게 되면 각자의 방에서 마음을 정리하는 시 간을 갖은 후에 남편의 마음이 먼저 정리가 되면 나에게 슬금슬금 와서 애교를 부려 화해한다. 이처럼 부부만의 화해 방법을 만들어야 한다. 싸 움은 부부생활의 끝이 아닌 시작이다. 정말 지혜로운 부부라면 싸움을 통해 '우리는 맞지 않으니 갈라서자, 헤어지자'가 아닌 '우리가 이러한 문 제들로 계속 싸움이 일어나게 되니 다음부터는 A 말고 B의 방법으로 노력해 보자.'가 되어야 한다.

　우리는 직장생활을 하면서 자신이 문제를 일으키거나 부서 내에서 문제가 발생하면 문제가 일어났다는 것만으로도 큰일이라고 생각하지만, 그것보다 일어난 문제를 빨리 수습하려고 한다. 수습해야 더 큰 문제들이 일어나지 않기 때문이다. 모든 문제는 수습하는 것이 정말 중요하다는 것을 너무나 잘 알고 있다. 문제를 수습하는 것과 같이 화해하는 것도 이만큼이나 중요하다는 것을 알아야 한다.

　부부 사이에 '무조건 내가 먼저 손을 내민다.'라는 생각을 가지면 화해하는 것은 누워서 떡 먹기이다. 남편은 먼저 손을 내밀어야 누워서 먹을 떡이 하나라도 더 생기는 것이다. 남편이 아내를 위해서 용기 내어 손을 내민다면 모른 척할 아내는 이 세상에 단 한 명도 없다. 물론 아내도 마찬가지이다. 많이 싸우는 만큼 더 많이 화해하는 방법들을 만들어가야 한다는 것을 잊지 말자.

　이 세상에 싸우지 않는 부부는 없다. 살아가는 데 너무 많이 싸운다고 해서 자책할 필요도 없다. 사람들은 밖에서 웃는 모습만 보이기 위해 가면을 쓰고 있는 것이다. 중요한 것은 싸울 때는 문제의 상황만 바라보고 싸워야 한다는 사실이다. 그리고 배우자의 모습을 있는 그대로 바라봐야 한다. 마지막으로 싸우고 난 후에는 어떻게 화해해야 할 것인지까지도 생각해야 한다. 싸워도 문제가 풀리지 않는다면 그 문제를 내려놓아야 한다. 극복할 수 없는 문제를 내려놓는 것 또한 부부의 지혜이다. 풀리지 않는 문제를 잡고 있어 봤자 부부가 사랑하고 행복해야 할 시간만 줄어든다. 그럼 우리만 손해 아닌가.

06

남편의 마음을 얻는 방법은 따로 있다

진심으로 좋아하라.
누구나 자기를 좋아하는 사람을 좋아한다.

- 푸블리우스 시루스 -

나는 어릴 때부터 목숨을 건 위험한 일을 하는 직업군(군인, 경찰, 소방관 등)은 애교 있는 배우자를 만났으면 좋겠다는 생각을 했다. 자신의 목숨을 건 만큼이나 일은 힘들었을 것이기 때문에 집에서라도 아내가 애교로 남편의 피로를 조금이나마 풀어주면 좋지 않을까 하는 생각이 들었기 때문이다. 지금 생각해보니 손발이 오그라든다. 그렇지만 어렸을 적 했던 나의 생각에 변화는 없다.

나는 어렸을 때 친한 친구들이 간혹 "쟤 콧소리 한다."라는 말을 들었다. 나에게 콧소리로 말한다는 말을 나쁘게 말한 의도가 아니라 장난임을 알았기 때문에 그 소리를 듣고 기분이 나쁘거나 하지는 않았다. 나도 친구들과 같이 장난으로 웃어넘겼다. 감사하게도 친한 친구들이 말했던 나의 콧소리는 점점 내가 애교 있는 사람이라는 이미지를 갖게 해주었다. 어쩌면 내가 조금은 긍정적인 성격이라 내가 듣고 싶은 대로 들었을 수도 있다.

남편이 군에 있는 시절 항상 일이 많았다. 매일 밤 다음 날을 준비했다. 시험이 있는 전날은 밤을 새우면서까지 공부했던 날이 많았다. 남편이 군 생활하는 것을 싫어하지는 않았지만 그래도 사람이라 힘이 들었는지 일하고 오면 나에게 약간의 어리광을 피웠다. 그럴 때마다 나는 애교 있는 말투와 행동으로 남편의 어리광을 잘 받아주었다. 남편은 나중에 전역한 후에 나에게 말했다.

"애교 있는 아내를 만나니 웃을 일도 많고 힘든 날에 자기를 보니 특히 더 많이 힘이 났어. 내 삶에 활력소가 되어 줘서 너무 고마워~."

남편의 말을 들으니 나 또한 남편이 직장으로 인해 힘이 들 때 힘이 되어주고 위로도 줄 수 있는 사람이 된 것 같아서 너무 감사했다. 기분이 좋았다. 진짜 부부가 된 기분이 들었다. 이렇게 서로에게 좋은 영향력을 끼칠 수 있어서 너무 좋은 부부가 되었다고 생각했다. 우리 부부처럼 살아가는 부부만 있었더라면 이 세상은 힘든 부부가 없는 행복한 세상이 될 수 있을 것 같다는 생각이 들 정도였다.

나는 남편이 나의 애교 있는 말투와 모습을 보고 웃어주고 귀여워해줘서 너무 좋았다. 다른 누군가에게 보여줄 수 없는 나의 모습까지도 남편은 애교로 잘 받아주었다. 어느 날 남편이 말하길 나의 애교 있는 말투는 남편의 지갑을 열게 만드는 마법이라고 했다. 그 말을 들으니 나의 애교가 남편의 지갑을 여는 데 많은 도움이 될 것이라고 생각했다. 애교 있는 아내에게 무엇이든 해줄 수 있을 만큼 남편은 나를 사랑해주었다. 이 세상을 살아가는 힘듦 속에서 애교 있는 아내를 만났으니 행복하게 살아갈 수 있을 것이라는 말을 항상 나에게 해주었다.

함께 살지 않는 사람이지만 눈빛만 봐도 상대방이 진심으로 하는 말인지, 거짓으로 하는 말인지 알아차릴 수 있다. 그리고 어른들은 대부분 우는 아이가 진짜로 우는지, 힘든 일을 회피하고 싶어서 가짜로 우는지 안다. 이처럼 부부 관계에서도 배우자가 나를 진심으로 대하는지 거짓으로 대하는지 다 안다. 그렇기 때문에 항상 자신의 진심을 전하며 부부 관계를 맺어야 한다. 진심으로 배우자를 대하지 못하는 부부 관계는 건강하지 못한 부부로 발전하게 된다.

나는 남편과 연애를 할 때 다른 연인들이 가장 쉽게 하는 말인 '사랑해'라는 말이 정말 나오지 않았다. 연애하고 한참 지나서야 남편에게 사랑한다는 말을 꺼냈다. 나는 남편에게 사랑한다는 말을 하기 전에 사랑한다는 말이 나에게 어떤 의미가 있는지 설명해주었다. 나에게는 사랑한다는 말은 쉽지도 않고 가볍지도 않고 소중한 말이기 때문에 쉽게 나오지 않았다고 진심으로 말했다.

나에게 사랑의 의미는 조금 무겁고 진지했다. 아무에게나 고백하면 안 된다는 생각을 항상 가지고 있었다. 나는 사랑한다면 나의 목숨까지 걸어야 한다는 생각을 하고 있었기 때문이다. 우리는 엄마 뱃속에 있을 때부터 그리고 세상에 태어나서 사랑한다는 말을 부모님에게 가장 처음 들었고 많이 들었다. 그런데 엄마의 사랑은 자식을 위해서라면 항상 좋은 것, 귀한 것들을 아낌없이 주시고 거기다가 하나밖에 없는 목숨까지도 내어줄 수 있는 사랑이다.

내가 그런 사랑을 받아왔으니 나도 사랑하는 사람에게 그런 사랑을 주어야 한다고 생각했고 나의 목숨을 건 사랑이 진짜 사랑이라고 생각했고 그런 사람에게 사랑한다고 고백하겠다고 다짐했다. 나의 이런 말들을 남편에게 말하고 남편에게 처음 사랑한다고 고백했다. 남편은 나의 진심이 전해져서인지 정말 많이 감동했고 고마워했다. 남편도 내가 정말 어렵게 고백했다는 것을 알게 되었고 남편도 사랑에 관해 생각을 많이 하게 되고 나에게 진심으로 사랑을 고백했다. 배우자의 마음을 얻는 방법은 아주 간단하다. 자신의 진심을 상대방에게 전하는 것이다. 나의 진심을 보여줄 때 배우자도 나에게 자신의 진심을 보여준다.

남편은 마음이 들지 않는 일, 물건, 대화 등이 있으면 표정에서 바로 드러난다. 그래서 나는 남편의 표정만 봐도 어떤 것에 대해 기분이 안 좋은 상태가 되었다는 것을 바로 안다. 내가 인간관계에 대해 조금 예민해서 그런지 그런 부분이 더 잘 보이고 느껴지는 것일 수도 있지만, 남편이 스스로 기분이 안 좋다는 것을 표정으로 드러낸다. 무언가 기분이 나쁘고 마음에 들지 않는 표정을 보면 싸우게 될까 염려되어 남편에게는 직접적으로 이야기하지는 않는다. 하지만 남편의 안 좋은 표정을 보고 있으면 나도 기분이 좋아지지 않아서 빨리 남편의 기분을 풀어주려고 노력한다.

나는 여기서 지혜로운 아내가 될 것인가, 그렇지 못한 아내가 될 것인가를 두고 머릿속으로 고민할 때가 가끔 있다. 나도 사람인데 상대방의 기분이 좋지 않다는 것을 느낀다면 "대체 뭐가 그렇게 기분이 나쁘냐"고 물으며 화를 낼 수도 있다. 그렇지만 결국 나는 지혜로운 아내가 되길 선택한다. 그래서 나는 빨리 남편의 기분을 풀어주려고 노력한다. 내가 남편의 불편한 마음을 헤아려주면 남편은 나에게 마음에 들지 않는 부분에 대해서 말하기 시작한다.

아내가 남편의 말을 듣고 남편의 말에 공감해준다면 남편의 입장에서는 자기의 말을 들어주고 기분 좋지 않은 마음을 좋은 기분으로 만들어주려고 노력하는 아내의 모습을 보게 되어 고마운 마음이 들 것이다.

이렇게 되면 부부는 어떠한 문제가 싸움으로 끝나는 것이 아닌 남편의 마음을 얻는 아내의 모습으로 끝나게 된다. 만약 남편의 좋지 않은 표정을 보고 남편에게 '내가 왜 오빠의 말과 표정을 보고 내 기분까지 좋지 않아야 하냐'고 묻는다면 열이면 열 싸우게 되었을 것이다. 그리고 서로에게 감정이 상했을 것이다.

사람은 자신이 아무리 기분이 나쁘고 화가 나는 일이 있어도 자신의 말과 마음을 들어주는 사람 앞에서 쉽게 화를 내지 않는다. 오히려 나의 말과 마음을 들어주는 사람에게 고마움을 느낀다. 그래서 나는 남편의 마음 상태가 좋지 않다는 것을 느끼면 남편의 안 좋은 기분이 나의 기분까지 전달되지 않도록 호흡을 크게 하고 남편에게 말을 건다. 나의 이런 모습을 보면 가끔은 나도 누군가의 아내가 될 자격이 있다는 것을 생각하게 되어 스스로 칭찬을 한다.

남편은 자신의 마음을 이야기하며 감정을 조절하고 다시 좋은 기분이 들도록 노력한다. 그리고 나에게 고맙다고 말한다.

"내가 화가 나고 기분이 좋지 않은 것은 너 때문이 아니라 상황 때문이야. 나 때문에 너의 기분까지 좋지 않게 해서 미안해. 그리고 나의 기분을 받아주고 풀어줘서 고마워, 나의 기분까지 생각해주는 아내가 있어서 감사하고 행복하네."

이렇게 나는 남편의 좋지 않은 표정을 보고 화를 내는 것이 아닌 나의 감정을 다스리고 남편에게 다가가 남편의 마음을 얻는 지혜로운 아내가 되었다. 남편을 보고 있으면 내가 생각해도 나 같은 아내는 없는 것 같다는 생각이 종종 들 때가 있다. 그런데 이런 생각은 나뿐만 아니라 남편을 잘 이해해주는 모든 아내들이 이런 마음을 가지고 있을 것이다. 정말 아들 하나 더 키운다는 대한민국 아내들의 말이 너무 맞는 말이다.

사람의 마음을 얻는 것은 쉬운 일이 아니다. 그렇지만 배우자의 마음을 얻는 일은 매우 쉽다. 항상 남편에게 밝게 웃는 모습을 보이는 것, 애교 있는 말투와 행동, 하나의 거짓조차 없는 나의 진심만을 전달하는 것, 남편의 좋지 않은 감정을 이해해주고 공감해주는 것, 그리고 남편의 안 좋았던 기분이 좋아질 수 있도록 달래주는 것, 마지막으로 자신의 진심을 담은 사랑 고백. 이것이면 된다. 이것만으로도 남편은 아내에게 마음을 줄 것이다. 서로의 진실된 마음을 공유한다면 행복한 부부 관계를 맺을 수 있게 된다. 아주 사소한 것들이 더 알콩달콩 즐겁게 부부생활을 하며 살아가게 해주는 원동력이다.

아내의 믿음이 남편을 성장하게 한다

사랑에 빠진 남자는 현명하고 더욱 현명해지며
사랑받는 대상을 바라볼 때마다 새롭게 보게 되고
그의 눈과 마음은 그 사랑의 대상이 지닌 미덕을 이끌어낸다.

- 랄프 왈도 에머슨 -

나와 남편은 서로를 항상 믿어주었다. 무슨 일이든 이해해주고 지지해 주려고 노력했다. 앞으로도 끝까지 남편을 믿어주겠다고 속으로 다짐했다. 하지만 나는 현실 앞에서 무너지고 말았다. 전역하고 당연히 독일을 갈 것이라고 생각했으니 돈을 벌어도 독일에서 벌어야겠다고 마음먹고 돈에 대한 걱정은 크게 하지 않았다. 그러나 1년이 지난 후 우리는 통장 잔고가 줄어드는 것을 실감하게 되었다.

코로나19 상황을 피해갈 수 없던 우리는 결국 독일행을 포기했다. 남편은 그사이 직업군인을 희망하는 청년들을 위해 책을 썼다. 책을 쓴 후 해군부사관에 대해 알고 싶은 청년들을 위해 해군부사관 입대를 위한 컨설팅을 준비했다. 이때까지만 해도 나는 남편이 하고 싶다고 했던 일을 다 응원해줬다. 돈은 없어져갔지만, 우리는 삶을 걱정하기보다는 앞으로 살아가게 될 희망찬 미래만 바라보았다.

나는 남편이 잘될 것이라고 항상 이야기해주었다. 부정적인 말보다는 긍정적인 말만 해주었다. 항상 믿고 남편이 하는 모든 일이 잘될 것이라고 확신을 주었다. 그래서 그런지 남편은 더 자신감을 가지고 희망찬 미래만 보고 달렸다. 잘될지 안 될지 모르는 일이지만, 아내의 응원에 부응하기 위해서 열심히 했다. 남편도 모든 게 다 잘될 것이라는 희망을 가득 안고 있었다.

남편이 준비하고 있는 일은 자신이 하고 싶어하던 일이기도 했고 많은 청년들에게 선한 영향력을 끼치는 사람이 되는 일이었다. 그래서 남편은 누구보다 열심히 준비했고 노력했다. 남편이 일을 준비한 지 한 달 정도가 된 어느 날 나는 문득 이런 생각과 느낌이 들었다. 남편이 굉장히 열심히 준비하고 노력하는 데 비해 아무런 결과도, 성과도 나오지 않는다는 생각이 들었다. 그래서 열심히 노력하는 남편의 모습을 보고 있자니 너무 안스러웠다. 쳇바퀴가 굴러가듯 항상 제자리걸음인 느낌이었다. 그래서 나는 남편이 일을 시작한 지 한 달 정도 후 남편과 이야기를 나누었다.

나는 남편이 나의 말을 잘 알아들을 수 있도록 나의 생각과 속마음을 있는 그대로 말하였다. 남편이 준비하는 노력만큼 성과가 안 나와서 속상하고 이 일에 우리의 인생을 걸어도 될 정도의 일이냐고 물었다. 그리고 이 일이 아닌 것 같다는 생각이 든다면 빨리 다른 방향으로 일을 시작해야 하지 않겠냐고 어쩌면 열심히 일하고 있는 남편에게 상처가 될 수도 있는 말을 했다.

남편은 엄청 당황해했다. 어떤 일이든 내가 하겠다고 하면 믿어주고 응원해주는 아내였는데, 아내가 이 일은 아닌 것 같다고 말하니 정말 하면 안 되는 일인가 하고 깊은 생각과 걱정, 고민에 빠졌다. 남편도 말은 하지 않았지만 이제는 돈을 벌어야 한다는 것을 누구보다 더 잘 알고 있었기 때문에 나의 말을 그냥 무시할 수가 없었다.

남편은 나의 말을 듣고 혼자 슬럼프에 빠졌다. 이제 일을 시작한 지 한 달밖에 되지 않았는데 나의 말에 너무 충격을 받은 것이었다. 일은 손에 잡히지 않게 되었고 해야 할 일은 한가득 쌓여 있는데 아무것도 하지 못했다. 그런 모습을 옆에서 지켜보는 나는 어서 빨리 결과를 만들어내야 하는데 멈춰버린 남편의 모습을 보며 답답한 마음이 들었다.

남편이 슬럼프에 빠진 어느 날 우리 부부에게는 아주 좋은 기회가 있어서 함께 취직하게 되었고 나는 남편에게 지금은 슬럼프를 겪을 때가 아니라 열심히 앞으로 달려나갈 때라고 말했다. 남편도 나의 말을 잘 들으며 다시 일어날 힘을 얻었다. 우리는 취직이 되고 일자리가 생기니 마음이 어느 정도 정리가 되었다. 그래서 남편도 마음을 잘 추스렸다. 남편은 며칠 동안 고민에 빠져 힘든 하루하루를 보냈지만, 나의 희망찬 용기와 응원의 말에 점점 살아나기 시작했다.

　나는 가끔 남편의 잘못된 행동과 말에 이것은 잘못된 것이라고 지적할 때가 있다. 남편은 나의 말을 잘 들어주는 사람이라 자신의 잘못된 모습을 알고 인정한다. 나아가 고치려고 노력도 한다. 그렇지만 남편도 사람인지라 나의 말을 잊어버리고 잘못된 행동과 말을 반복할 때가 있다. 그러면 나는 한 번 더 말해준다. 반응은 처음과 다르다. 처음 말할 때는 잘 들어주지만 반복적으로 말하면 남편도 듣기 싫어한다. 이럴 때가 서로 얼굴을 붉히게 되고 쉽게 싸움이 일어날 수 있는 경우이다.

　나는 이런 일들을 통해 남편에게도 변화할 수 있는 과정과 시간이 필요하다는 것을 알게 되었다. 잘못된 것을 지적한다면 남편이 그 잘못을 인지하고 고칠 때까지 믿고 기다려주어야 한다. 누구나 그렇듯이 한 번에 변화되는 사람은 없다. 생각하고 고칠 수 있는 시간이 필요하다. 남편은 내가 믿고 기다려주기만 한다면 변화되어 잘못된 행동과 말을 고치고 더 좋은 사람으로 변화하는 사람이다. 내가 남편을 기다려주지 못하기 때문에 남편의 모습이 아무런 변화 없는 모습인 것이다.

어린 아기는 첫걸음마를 떼기까지 수천 번, 수만 번 넘어지고 다시 일어선다. 이러한 과정을 겪은 아기는 다리 근육에 점점 힘이 생기게 되고 순발력이 생겨 마침내 한 발 한 발 걸을 수 있게 된다. 아기는 수만 번 넘어지며 스스로 걸음마를 배워나간다. 물론 처음 발을 떼기 시작할 때는 부모님의 손을 잡고 걷기도 하고 물건을 잡고 걸어 근육을 키워나간다. 근육과 순발력이 생긴 후 부모님의 역할은 아기를 믿고 기다려주는 것이다. 그러면 어느샌가 아기는 부모님에게 첫걸음마를 보여주며 기쁨과 감격을 안겨주게 된다.

결국 인간관계에서 믿음과 기다림의 힘은 사람을 변화하게 하고 성장하게 하는 것이다. 느리게, 천천히 변화해도 괜찮다. 성장하는 모습을 보여주는 것이 믿고 기다려 주는 사람에 대한 보답이 아닐까. 믿고 기다려주는 배우자가 되어 나의 사람들이 더 많이 성장할 수 있도록 힘을 주는 사람이 되자.

믿음은 보이는 것을 믿는 것이 아니다. 보이지 않는 것을 믿는 것이 진짜 믿음이다. 보이는 것은 나의 눈에 실제로 존재하기 때문에 누구나 믿을 수 있다. 하지만 나의 눈에 보이지 않는 데 있는 것은 눈으로 직접 확인하지 않고는 쉽게 믿을 수 없다. 그래서 보이지 않는 것을 믿는 믿음이 진짜 믿음이라고 말하는 것이다. 나는 남편의 앞날이 어떻게 흘러가게 될지 모른다. 그렇지만 남편은 성공자의 삶을 살아갈 것이라고 믿는다. 이미 성공자의 삶을 살아가는 중이라고 말한다. 이러한 나의 믿음이 남편을 이미 성공자로 만들었다. 나의 믿음을 통해 남편이 성공자가 되었다면 남편은 평범한 사람에서 성공자로 성장한 것이다.

우리 부부는 책 쓰기를 하는 순간부터 성공할 것이란 믿음을 비롯한 긍정적인 생각과 말만 하며 살아왔다. 남편이 전역한 후로 우리 부부는 어쩌면 부정적인 생각들로 휩싸일 날들만 있었다고 해도 과언이 아니다. 남편의 전역 소식을 들은 주위 사람들의 반응은 열이면 열, 다 부정적인 말로 남편을 힘들게 했다. 그럴 때마다 나는 남편에게 "나는 우리가 꼭 성공자의 삶을 살아갈 것이라고 믿어! 군 생활을 열심히 한 오빠는 전역을 해서도 무슨 일이든 열심히 해서 어느 곳에서나 인정받는 성공자의 삶을 살아가게 될 거야!"라고 말했다. 남편은 나의 말을 머리에 새기고 가슴에 새겼다. 그래서 이 자리까지 왔다. 나는 나중에 남편이 나에게 이런 말을 꼭 해주었으면 좋겠다. "나는 아내의 믿음과 기다림으로 인해 성장했고 성장한 나는 성공자의 삶을 살 수 있었습니다."라고.

인생이란 것이 당장 내일 일어날 일도 모른 채 살아가기 마련이다. 내가 앞으로 살아갈 날은 모르지만 모든 일이 잘될 것이라는 믿음 하나는 분명하게 가지고 살아가야 한다. 이 믿음 하나가 모든 이들의 인생을 성공자의 인생으로 바꿔줄 것이다. 부모는 자식들이 건강하게 무럭무럭 자라는 모습을 보며 행복한 감정을 느낀다. 그리고 가르침과 믿음, 기다림을 통해 아이들을 성인으로 성장시킨다. 이처럼 배우자도 믿음과 기다림으로 성장시키는 지혜로운 사람이 되자.

나는 남편과의 결혼생활을 통해 남편을 향한 나의 믿음과 기다림, 응원이 남편을 성장시키는 데 엄청난 힘이 된다는 것을 느꼈다. 남편의 인생을 바꿀 정도의 힘이라는 것도 깨달았다. 부부 사이에 믿음은 '사랑' 다음이라고 생각한다. 나로 인해 남편이 성장하면 성장한 남편을 보고 나 역시도 함께 성장한다. 그러니 믿음과 기다림은 부부에게 좋은 에너지와 힘이 된다. 부부 사이에 믿음과 기다림이 없다면 전쟁터와 같은 관계가 되어버린다. 싸움이 일어날 것이고 싸움으로 인해 상처받게 되고 관계는 깨어질 것이다. 그러니 이제는 기다려줄 수 있는 여유 있는 배우자가 되어보자. 꼭 기억하자. 아내의 믿음과 기다림은 남편을 성장시킨다.

4장

행복한 남편과
아내가 되는
대화의 기술

마음을 여는 것에서 대화가 시작된다

나는 중학교와 대학교 때 오케스트라 활동을 했다. 공동체 생활이다 보니, 선후배 간에 지켜야 할 선이 있었고 엄격하기도 했었다. 나는 한 선배에게 조언을 듣는 일이 있었다. 좋게 말하면 학교 선배에게 조언을 들은 것이지만 좋지 않게 말하면 선배에게 욕을 먹었다. 나는 같은 악기를 하는 직속 선배도 아니었는데 그런 안 좋은 말을 들으니 기분이 몹시 좋지 않았다. 기분이 나빴다고 하는 것이 더 솔직한 표현일 수도 있겠다.

나는 그 선배에게 마음의 문을 완전히 닫아버렸다. 물론 오케스트라 생활을 하며 계속 봐야 할 사람이긴 하지만 그래도 같은 악기의 선배는 아니니 그냥 무시하자고까지 생각했다. 이 일을 겪은 후 A씨가 나에게 "요즘 학교생활 어때?"라는 질문을 했다. 처음에는 재밌고 좋다고 했다. 한참을 이야기하던 중 나는 A씨에게 학교 선배에게 욕을 먹어 너무 기분이 안 좋은 날이 있었다고 말했다.

A씨는 나에게 100원짜리 동전으로 1,400원을 주었다. 그리고는 나에게 그 동전으로 음료수를 선배 것 하나, 내 것 하나 두 개를 사서 선배에게 가서 마음의 문을 열고 대화를 한번 해보라는 조언을 해주었다. 나는 A씨의 말을 듣고 "에이~ 뭘 그렇게까지 해."라는 생각을 했다. 그래도 A씨는 나와 관계가 좋은 사람이었기 때문에 A씨의 말을 한번 들어보기로 하고 음료를 사서 선배에게 갔다.

선배는 내가 내민 음료를 받고 당황하며 나에게 말을 했다. "나는 네게 욕을 했는데 넌 이렇게 하면 참…." 선배는 그후로 나에게 말을 더 많이 걸며 이야기를 했고 나도 선배의 말에 마음이 열리니 선배와 대화할 수 있었다. 나는 이런 일들을 통해 마음 상태가 어떤지에 따라서 대화를 시작하는 것도 다르다는 것을 정말 크게 느꼈다.

적어도 대화를 시작할 때는 마음을 열어야 시작이 된다는 것을 깨달았다. 나는 나의 마음 상태에 따라 나의 모든 생각과 행동, 말이 변하는 것을 느꼈다. 그렇기 때문에 마음 관리, 감정 컨트롤을 잘해야겠다고 생각하고 내가 더 나이가 들고 성장해나갈수록 나의 마음을 잘 다스리며 진짜 어른이 되자고 다짐했다.

상대방과의 관계에서 마음을 열지 않는다면 절대 대화를 할 수가 없다. 마음을 열지 않고 대화를 하는 것은 대화를 하지 않은 것과 같다. 마음을 여는 것은 내가 말할 준비가 되어 있다는 것이고 내가 들을 준비가 되어 있다는 것이다. 내가 말하고 들을 마음 상태가 되면 상대방과의 진솔한 대화가 시작된다.

남편은 나와 대화하는 것을 참 좋아하는 사람이지만 가끔은 남편도 나와 대화하기 힘들어할 때가 있다. 남편은 몸이 피곤하면 마음도 피곤해져서 마음의 문이 열리지 않는다. 오히려 더 굳게 닫혀버린다. 나는 대화를 하고 싶고 대화해야 하는데 남편의 피곤함으로 인해 닫혀버린 마음의 문은 내가 어떻게 해도 열리지 않는다. 그럴 때는 나도 남편에게 서운한 감정이 들기도 한다.

어쩔 땐 몸을 가누지도 못할 정도로 힘들어하면 "이렇게 몸이 약한 사람인가?"라는 생각도 들었다. 얼마나 힘든 일을 했길래 이렇게 피곤함을 드러내며 행동하는지 이해가 되지 않았다. 남편은 힘든 몸을 이끌고는 마음을 닫아버려 내가 아무리 대화를 하고 싶어 해도 할 수가 없었다.

나는 그런 남편의 모습과 마음을 보면서 남편은 대화하는 것, 소통하는 것은 엄청 좋아하는 사람이지만 가끔은 남편도 대화하기 싫을 때, 힘들 때가 있다는 것을 알았다. 내가 남편과 연애할 때부터 대화하는 것을 오랫동안 마찰 없이 잘 해와서 남편과 대화하는 부분에 대해서는 아주 최고라고 생각했는데 남편도 몸과 마음이 힘드니 대화가 되지 않는 사람이라는 것을 알게 되었다.

어쩌면 남편의 진짜 모습 중 한 부분을 알게 된 것 같았다. 그때만큼은 사랑의 콩깍지가 아주 살짝 벗겨졌던 것 같다. 그래서 나는 남편의 모습을 보고 이제는 남편이 나에게 마음을 열지 않을 땐 내가 서운한 감정을 느끼면서까지 남편의 마음을 풀어주려고 노력할 것이 아니라 대화하는 것을 미뤄야겠다는 생각을 했다.

나는 고등학교 때 친하게 지냈던 친구 주연이의 질문을 아직도 잊을 수가 없다. 고등학교 때는 학교를 같이 다니기 때문에 매일 만나 대화를 나누고 항상 마음을 공유할 수 있었지만, 고등학교 졸업 후 각자 다른 대학을 가게 되어서 주연이와 떨어지게 되었다. 사람의 몸이 멀어지면 마음도 멀어진다고 하듯 우리도 각자의 자리에서 열심히 살아가다 보니 연락을 자주 하지 못하게 되었다.

평소 많이 하던 대화를 갑자기 많이 못 하게 되니 우리는 서로의 근황을 잘 알지 못했다. 그렇지만 다행인 것은 몸은 비록 떨어져 있지만, 마음은 함께하고 있다고 늘 말했고 서로 그렇게 생각하고 있었다. 이러한 마음이 전달되니 몸은 멀어도 우리의 마음은 가깝게 느껴졌다.

주연이와 각자 살아가기 바쁘다는 핑계로 서로 연락을 하지 못하고 있다가 결혼 후 주연이와 연락을 하게 되었다. 오랜만에 고등학교 때 친구와 대화를 하니 기분이 너무 좋았다. 그리고 우리의 고등학교 시절이 떠올랐으며 그때의 추억들을 너무 그리워했다. 한참을 반갑게 인사를 하고 있었는데 주연이가 나에게 이런 질문을 했다.

"성서야, 요즘 너의 마음 상태는 어때?"라는 질문이었다.

나는 주연이의 질문을 듣고 갑자기 말문이 막혔다. 누군가 나의 마음 상태를 신경 써준 적도 없고 나의 마음이 괜찮은지 물어봐준 사람도 없었기 때문이다. 주연이의 질문에 너무 감동이 되면서도 어떻게 대답해야 할지 답이 바로 떠오르지 않았다. 나는 잠시 동안 생각을 하고 주연이에게 "당연히 괜찮지~ 좋아!"라는 답을 해주었다.

나는 이날 주연이와의 대화에서 너무 감동이 컸던 탓인지 마음을 진정시키는 데 시간이 조금 걸렸다. 주연이는 내가 봐도 참 멋진 친구이고 사람의 마음을 잘 이해해주고 공감해주는 좋은 친구이다. 누군가가 나의 마음 상태를 이렇게 헤아려주고 있다는 마음이 들게 했던 사람은 없었던 것 같다. 나의 마음 상태를 궁금해했던 사람은 없었다. 가장 가깝다고 하는 남편에게서조차 이런 질문을 들어보지는 못했으니까.

나는 주연이의 질문을 듣고 나의 현재 마음 상태에 대해서 돌아보고 생각하는 시간을 가질 수 있었던 것 같다. 그러니 평소에 느낄 수 없었던 마음속 편안함도 생겼다. 나는 나의 마음속, 내면을 생각해주는 주연이의 질문이 너무 감사하고 좋아서 나 또한 내가 좋아하는 사람에게 이런 질문을 하며 대화를 시작했던 적들이 있다. 이런 질문을 통해 남편도 그렇고 나와 대화를 했던 모든 사람들도 나에게 마음을 열고 대화를 하려고 하는 것이 느껴졌고 나에게 자신을 더 진솔하게 드러내 보이려고 하는 모습들이 느껴졌다.

그래서 나는 주연이의 이런 질문들을 통해 '대화를 시작하는 것은 마음의 문을 여는 것에서부터 시작된다'라는 것을 너무나 잘 알게 되었다. 그래서 가끔 남편에게도 마음 상태가 어떤지 묻는다. 남편은 나의 질문을 들으면 나와 진솔한 대화를 준비하는 것 같은 목소리와 느낌을 준다. 서로가 마음을 열고 공유하니 대화는 훨씬 부드럽고 잘된다. 평소 배우자와 대화하는 것이 힘들고 마음의 문이 잘 열리지 않는다면 서로의 마음 상태를 체크해볼 필요가 있다.

나는 여러 사람과의 관계와 남편과의 관계를 통해 대화할 때는 마음 상태가 중요하다는 것을 배웠다. 이러한 배움으로 인해 나는 대화하는 부분에 대해서는 더욱 성장했고 성숙해졌다는 마음을 가지게 되었다. 마음과 감정은 통하게 되고 이러한 것들을 통해 내가 들을 수 있는 여유가 생기고 말을 할 수 있게 되니 나의 마음과 감정이 얼마나 중요한지를 깨달았다. 앞으로는 현대인들에게도 마음공부가 절대적으로 필요할 것이라고 생각한다. 배우자를 비롯해 상대방과 대화할 땐 서로의 마음 상태를 체크 하는 것이 가장 먼저이고 그다음 서로가 마음의 문을 열어 진솔한 대화를 이어갈 수 있길 바란다.

같은 언어로 대화하고 있는가?

남편과 같은 언어로 대화한다는 것은 어쩌면 어려운 일일지 모른다. 누구나 자신만의 대화법이 있고 자신이 생각한 대로 말이 나오기 때문이다. 그래서 같은 언어로 대화하지 않으면 자신의 생각과 말이 정확하게 전달되지 않을 수도 있고 오해가 생길 수도 있다. 우리 말은 '아' 다르고 '어' 다르듯 같은 언어로 명확하게 전달해야 한다.

트로트 가수 장윤정의 노래 가사 중에 이런 가사가 있다. '여자의 마음은 갈대랍니다.' 갈대라는 존재는 연약하며, 바람에 힘없이 왔다 갔다 흔들린다. 나는 여자의 마음을 갈대에 비유한 것은 정말 정확한 비유라고 생각한다. 내 마음이지만 내가 봐도 이리저리 흔들리고 이랬다저랬다 하는 모습이 보이기 때문이다.

　나는 어쩔 땐 남편의 질문에 대답을 세 번, 네 번 바꾸며 결정하지 못할 때가 있다. 쉬는 날에 남편과 함께 무엇을 할지에 대해 말할 때 그냥 쉬고 싶다고도 했다가, 모처럼 쉬는 날인데 이럴 때라도 바람을 쐬러 나가자고 했다가, 다시 밖에 나가면 고생인데 집에서 쉬자고 말을 또 바꾸었다. 나의 마음을 내가 잘 모르거나 어떤 결정을 쉽게 내리지 못하는 나의 모습을 발견했다. 남편은 나의 말을 들으며 장난으로 하는 말이었지만 웃으며 "요즘 결정 장애가 생겼네."라는 말을 했다. 원래는 명확하게 딱 집어 말하는 사람이었는데 어느 순간 이것저것 다 따져보며 생각을 하게 되고 그런 많은 생각들 때문에 쉽게 답을 못 내리고 시간을 날려버리는 경험도 했다. 남편은 나의 말을 듣고 평소와 같이 답을 빨리 내리지 못하는 내가 예전과는 많이 달라졌다는 말을 했다.

　언제부턴가 나는 일관성이 없이 복잡한 대답을 계속 내뱉는 사람이 되었다. 남편의 질문에 이랬다저랬다 생각하는 시간이 길어지니 남편도 점점 지쳐갔다. 나는 힘들어하는 남편을 위해 나의 마음을 다시 잡아가도록 노력했다. 남편에게 내가 원하는 것을 명확히 말하도록 결정을 빨리

하고 생각을 말했다. 사실 나도 내 마음속에도 이리저리 힘없이 흔들리는 나의 마음과 생각과 대답이 싫었다. '나는 이런 사람이 아닌데.'라는 생각이 계속 내 머릿속에 떠올랐다. 나는 어렸을 때부터 부모님께 내가 하고 싶은 것, 먹고 싶은 것을 명확하게 말하던 사람이었다는 것을 다시 한번 생각하며 항상 나의 마음을 명확히 표현하자고 생각했다.

나의 이런 생각과 노력을 통해 나는 점점 명확한 사람이 되어가는 것을 느꼈다. 남편도 나의 말에 점점 확신을 느꼈고 우리의 대화는 달라졌다. 명확한 대화에 행동이 빨라졌다. 무슨 일이든 빠르게 해결해나갔다.

남편이 나에게 "이젠 결정 장애가 사라지고 흔들리지 않는 단단한 사람이 되었다."라고 칭찬을 해주었다.

나는 남편에게 말을 할 때 남편이 나의 말을 잘 알아듣지 못하면 답답해하면서 목소리가 높아지는 경우가 종종 있다. 남편은 나의 말을 듣지 못했을 수도 있고 한 번에 이해할 수 없어서 나의 말을 잘 알아듣지 못했던 것인데 나의 목소리가 높아지니 남편은 억울하고 "아내가 나한테 갑자기 화를 내는 건가?" 하며 기분이 나쁘다는 표정을 짓는다. 내가 남편에게 목소리를 높인 이유가 나의 말을 알아듣지 못하는 남편에게 화가 나서가 아닌데 나의 목소리가 높아졌다는 이유로 오해가 생긴 것이다.

남편이 나의 말을 알아 들어주지 못할 때 나의 목소리가 높아지는 것은 화를 내는 것이 아닌 나의 말을 이해시켜주기 위한 나만의 방법이었다. 나의 말을 잘 들었는지 확인하는 작업이라고 말하면 더 쉽게 이해가 될 것이다. 나이가 들어갈수록 눈과 귀는 점점 어두워진다. 잘 보이는 것도 안 보이게 되고 잘 들리는 것도 들리지 않게 된다. 그런데 사람은 들리지 않을수록 말을 크게 하게 된다. 본인이 말하는 것이 안 들리기 때문이다. 우리들의 할머니들의 목소리가 점점 커지는 이유이기도 하다.

나는 남편에게 "내가 너무 작게 이야기해서 남편이 못 들은 건가?" 싶은 마음에 나의 말을 잘 들었는지 확인하는 차원에서 목소리가 높아졌던 것이다. 그리고 나의 목소리가 높아질 때는 발음도 조금 더 신경 써서 또박또박하게 말한다. 내가 화가 나서 목소리를 높인 것이라면 짜증을 냈을 것이다. 그렇지만 나는 짜증을 낸 것이 아니다.

이런 나의 마음을 모르는 남편은 "아! 내가 아내의 말을 한 번에 알아 들어주지 못해서 화가 났구나."라고 생각하는 것이다. 그래서 나의 커진 목소리를 듣고 적잖게 당황한 남편에게 나는 "오빠가 나의 말을 못 알아 들어서 화를 내는 게 아니라 나의 말을 잘 듣고 이해했는지 확인하는 거야."라고 말을 해준다. 남편은 나의 이런 말을 듣고 나의 질문에 잘 대답해준다. 이렇게 말하는 사람의 목소리 톤 하나에도 듣는 사람의 생각과 감정이 달라진다. 말을 하는 것은 서로가 생각과 감정까지도 공유하는 것이기 때문에 같은 언어라고 하는 것은 당연히 감정을 공유하는 것까지도 포함한다. 배우자가 나의 말을 듣고 감정이 상했다면 배우자와 같은 언어로 대화하고 있지 않은 것과 같다. 그래서 나는 남편과 말을 할 때 오해가 생겨 감정이 상하지 않도록 특히나 주의하고 신경을 쓴다.

언젠가 여러 사람들과 이야기를 나누던 중 A라는 분이 나에게 이렇게 말한 적이 있었다. "그렇게 앞뒤 다 자르고 이야기하면 다른 사람들은 오해해. 우리는 다 친하니까 이해해줄 수 있지만, 밖에서는 오해할 수도 있어. 그리고 책을 많이 읽어야겠다." 나는 그냥 이야기의 중심이 되는 말만 간결하게 말한 것이라고 생각했는데, 그런 말을 들으니 내심 속상했다.

A씨가 나와 친해서 하는 말인 건 다 이해하지만, 나는 누구보다 그 공동체 사람들을 좋아했기 때문에 내가 잘못되었다고 부정당하는 기분이 들었다. 나의 대화법이 잘못되었다고 하니 쉽게 인정하기 싫었다. 나는 그때 처음 내가 앞뒤 말을 다 자르고 중점만 이야기하는 사람이라는 것을 알게 되었다.

나는 남편과 대화를 나누고 있었다. 남편이 나에게 "말의 앞뒤를 다 자르고 하니 네 말을 알아듣지 못하는 것 같아. 내가 말을 이해를 잘 못하는 건가?"라는 질문을 했을 때가 있었다. 남편의 말을 듣고 내가 남편한테 말하는 방식을 생각해보니 정말 내가 말을 앞뒤 다 자르고 한다는 것을 알 수 있었다. 하지만 나는 남편이 충분히 알아들을 수 있는 상황의 이야기를 했기 때문에 남편은 나의 말을 듣고 바로 이해해줄 줄 알았다.

남편에게 실제로 말하지는 않았지만 나는 가끔 나의 말을 잘 이해하지 못하는 남편을 보면 '그렇게 책도 많이 읽고 생각도 많이 하는 사람인데 왜 이렇게 나의 말을 한 번에 이해하지 못하는 걸까?'라는 생각을 하며 답답해하기도 했다. 내가 남편에게 앞뒤의 말을 자르고 해도 함께 겪은 상황이니 당연히 나의 말을 이해해줄 것이라고 생각했는데, 그것은 나만의 착각이었던 것이다.

나는 남편에게 이야기할 때 앞뒤를 다 자르고 이야기를 해서 그런지 남편이 나의 말을 잘 알아듣지 못하게 되고 어느 순간 나는 남편과 같은 언어로 대화하고 있지 않다는 생각이 들었다. 그냥 나의 말만 남편에게 한 것이었다. 이렇게 소통이 잘 되지 않으니 우리 부부의 마음속 한곳에는 말하지 못하는 답답함이 생겨났다.

나는 비로소 내 대화법에 문제가 있다는 것을 깨닫고 남편 탓만 했던 지난날에 남편에게 말을 제대로 해주지 않았던 것인데 남편에게 답답한 마음을 가졌던 것에 대해 미안한 감정이 들었다. 가끔 아내들은 '남편이 나의 말을 잘 알아 들어주겠지.'라며 생각하고 자신의 언어로 말을 하지만 그것은 큰 착각이다. 남자는 여자의 말을 처음부터 끝까지 정확하게 전달하지 않으면 알아듣지 못한다. 그러니 배우자와 소통할 때는 처음부터 끝까지 정확하게 전달해야 한다.

배우자와 같은 언어로 소통하지 않는다는 것은 서로 다른 외국어로 대화하는 것과 마찬가지다. 나는 남편과 같은 언어로 대화하지 못했다. 각자의 방식과 언어로 대화했다. 그래서 남편은 힘들어했다. 나는 힘들어하는 남편을 보며 내가 바꾸고 변화해야겠다고 생각했고 변화했다. 남자친구를 만나 결혼을 하면 서로의 배우자가 되며, 한집에서 같이 살게 된다. 지금까지 다르게 생활하던 남녀가 한집에 살게 되면 이해해야 할 부분도 많고 맞추어야 할 부분도 많다. 이렇게 결혼생활에 적응하고 맞춰가는 시간이 필요하듯이 배우자와 같은 언어로 대화하는 것도 서로에게 시간이 필요하며 연습해야 한다. 지금 내가 배우자와 소통하고 있는 언어와 대화법에 대해 잘 들여다보자.

03

소통하는 아내가 되라

배우자와 소통하지 않으면 자신 스스로가 통곡하는 일이 생긴다. 소통하지 않는 사람, 소통되지 않는 사람과는 함께 살아갈 수가 없다. 가정뿐만 아니라 어떤 공동체를 봐도 소통 때문에 관계가 깨어지는 것을 우리 주위에서 너무 쉽게 볼 수 있다. 그만큼 소통의 문제는 너무나 중요하다. 소통하는 것을 통해 부부가 행복할 수 있다.

남편과 나는 일상의 일, 인간관계 등을 주제로 남편과 많은 이야기를 한다. 남편과 나는 이야기를 할 때면 말도 잘 들어주고 잘 통해서 서로가 재미를 느낀다. 그런데 이야기를 하다 보니 예전에 했던 대화의 주제로 이야기를 할 때가 종종 있다. 그럴 때마다 남편은 나에게 했던 말을 또 하는 것이다.

처음 한두 번은 들었던 이야기라도 못 들은 척을 하며 남편의 말을 들어주었다. 그런데 남편이 같은 말을 세 번, 네 번 말하니 이제는 질려서 남편의 말을 끊었다. 나는 대화 중에 남편이 예전에 했던 말을 또 하려고 하면 남편에게 내가 먼저 이야기하면서 "이 말은 저번에도 했고 지금까지 몇 번이나 했다."라는 것을 알려준다. 남편은 나의 말을 듣고 쑥스러운 표정으로 다른 말로 이야기를 이어간다.

참다 참다 남편에게 한 번 말했는데 남편의 멋쩍은 표정을 보니 내심 괜히 말해서 남편의 입장을 곤란하게 만든 게 아닌가 하는 생각이 들었다. 남편의 말을 끊어버린 것 자체가 대화가 단절되는 것의 시작이니 미안한 마음이 들었다. 대화의 기본은 들어주는 것이라는 것을 잘 알고 있었음에도 경솔한 행동을 했다는 것을 깨달았다.

그런데 또 생각해보면 남편은 자신이 했던 말을 잊어버려서 또다시 한 것이고 내가 했던 말도 잘 기억을 못하는 것 같다는 생각이 들었다. 나의 말을 잘 기억하지 못해서 나 또한 남편에게 했던 말을 두 번, 세 번 더 할 때가 있다. 그래서 나도 남편에게 더 맞춰주고 들어주는 대화를 하기 위해서 남편이 했던 말을 잘 잊어버려주는 것도 하나의 방법이 될 것 같다. 이것이 남편과의 소통의 첫걸음이라면 이렇게라도 내가 맞춰줘야겠다는 생각을 했다.

생활 속에서 배우자를 위해 배려한다고 하는데 그것처럼 대화 속에서도 배려가 필요하다. 만약 내가 남편의 말을 예전에 들었다고 해서 계속적으로 남편에게 말을 할 수 없게 한다면 남편은 나와 대화하고 싶은 마음이 사라질 것이다. 나는 그다음부터는 남편이 예전에 했던 말과 똑같은 말을 하더라도 절대 끊어버리지 않는다. 말하는 것도 들어주는 사람이 잘 들어주어야 말을 하고 싶고 대화하고 싶은 마음이 생기는 것이니 말을 들을 때에도 말하는 사람을 배려해야 한다.

남편은 메모하는 습관이 있다. 잘 잊어버려서 그런다고 했다. 그래서 메모하는 좋은 습관이 생긴 것이다. 나는 남편이 중요한 것은 항상 메모해 두길래 "와 정말 좋은 습관이네."라는 말을 했다. 연애할 때는 백화점 지하 주차장의 자리까지 사진을 찍거나 메모를 했다. 그런데 남편과 같이 살아보니 메모를 하는 이유를 알겠다. 기억을 잘하지 못하는 사람이다. 금방 잊어버린다. 이렇게 자신이 했던 말도 금방 잊어버리는 건가 싶었다.

이렇게 자신에게 중요하고 했던 말도 잘 잊어버리는 사람이라면 "내가 더 잘 들어주어야지."라는 생각밖에 들지 않았다. 나는 소통하는 아내의 첫걸음을 잘 실천하는 지혜로운 아내가 되어 남편이 나에게 더 많은 말들을 하고 싶게 만들고 소통하게 만들어간다.

부부가 서로 소통이 잘되면 어떤 문제에 있어서 변화된 모습을 보여준다. 세 번, 네 번 같은 실수를 반복하지 않는다. 문제가 발생해도 서로 의지하며 문제를 쉽게 해결해나간다. 부부는 큰 문제에는 대담하고 사소한 문제로 참 많이 싸운다. 내가 남편과 같이 살면서 남편에게 정말 이해하지 못했던 부분이 있다.

첫 번째 남편은 빨래통 앞에다가 양말을 벗어놓는다. 나는 사람들에게 가끔 이런 말을 들었을 때가 있다. 신었던 양말을 아무 곳에나 벗어 놓으니 너무 스트레스를 받는다는 것이었다. 나는 오히려 그 말이 이해가 갔다. 아예 다른 곳에다 벗어두면 귀찮아서 그런가 보다 할 텐데 왜 빨래통 앞에다가 벗어놓는 건지. 어차피 빨래통 앞에다 벗어놓을 바에는 안에 넣으면 되는 것이 아닌가.

두 번째로는 외출하고 들어오면 그렇게 씻기 싫어함에도 불구하고 화장실에 씻으러 들어간다. 그런데 이왕 씻으러 들어간 거 다 씻고 나와서 편하게 있으면 좋은 것 아닌가? 왜 발만 씻고 나오는지 정말 이해가 되지 않았다. 그 당시에 늦은 밤이었고 화장실을 들어갔을 때 안 씻고 나오면 자기 전에 또 씻으러 들어가야 하는데 그냥 씻고 오면 얼마나 좋을까 하는 생각을 혼자서 한다.

나는 이 부분에 대해서 남편과 이야기를 했다. 남편의 말은 "잠깐 신은 양말이니 나중에 한 번 더 신겠다."라는 것이다. 사람의 발에 땀이 많은데 왜 그렇게 하는지 이해가 가지 않았다. 나는 남편에게 사람의 발은 생각보다 땀이 많이 나고 더러워서 한 번 신으면 바로 빨아버리는 것이 발의 청결에도 더 좋다고 말했다. 그리고 '평소에 발은 그렇게 잘 씻으면서 왜 양말은 두 번 신냐고 물으니 남편은 나의 말을 듣고 수긍하는 눈치였다.

씻으러 화장실에 들어가서도 전체를 씻지 않는 남편에게 "이왕 들어간 거 자야 할 시간에는 다 씻고 나오면 좋지 않겠냐"고 물으니 남편은 너무 귀찮다고 말했다. 나는 남편의 대답이 참 이해가 가지 않았지만, 남편이 씻으면 온몸에 향기가 솔솔 나도록 잘 씻고 오는데 어차피 씻을 거 앞으로 더 빨리 씻고 오라는 말을 했다.

나의 말을 들은 남편은 이제 양말을 빨래통에 넣고 외출하고 들어오면 잘 씻는 모습을 보여준다. 나는 남편이 나의 말을 듣고 변화되는 행동들을 보니 남편이 나와 잘 소통하고 있다는 것을 느꼈다. 부부간은 이렇게 차분하게 대화하면 충분히 소통할 수 있는 사이이다. '배우자는 나와 소통이 되지 않는 사람이야.'라는 전제하에 대화를 하니 소통이 되지 않는 것이다.

배우자와 소통을 잘하면 스트레스도 덜 받고 삶의 질도 올라간다. 배우자와 소통이 되지 않으니 스트레스를 받는 것이고 안 좋은 모습을 계속 봐야 하니 삶의 질도 떨어지는 것이다. 그렇지만 한 가지 꼭 기억해야 할 것은 소통할 때는 좋은 감정으로, 기분 좋게, 차분하게 소통해야 한다는 것이다. 좋지 않은 감정으로 소통하게 되면 소통이 아닌 싸움이다.

나는 남편에게 나도 모르게 명령조로 말하는 경우가 있다. 그래서 남편은 나의 말투를 싫어할 때가 있다. 군이라는 조직은 상사의 명령에 복종해야 하고 군에서 원하는 결과를 만들어내야 한다. 그런 생활을 하다 왔는데 아내가 집에서까지 군대라고 느끼게 만든 것이다. 나도 남편에게 하는 명령조를 자제하려고 노력하지만, 신혼 초에는 실수를 많이 했다.

부부간에 어떤 일을 부탁할 때 명령조로 말하는 것은 배우자와 소통하는 것이 아니다. 마음의 상처를 주는 가장 큰 대화법이다. 음식물 쓰레기를 버려달라고 할 때도 '오빠 음식물 쓰레기 좀 버리고 와!' 이것과 '오빠

음식물 쓰레기 좀 버리고 와줄래?'라는 말은 완전히 다르다. 말하는 사람의 태도도 다르고 듣는 사람의 태도도 다르다. 당연히 듣는 사람은 부탁하는 어조의 말로 듣는 것이 더 기분이 좋다. 음식물 쓰레기를 버리고 오는 것도 귀찮은 일일 텐데, 시키는 어조로 말을 듣는다면 기분이 나빠서 가지 않을지도 모른다.

부부 사이에서 가장 조심해야 할 것이 상하 관계가 되면 안 된다는 것이다. 항상 동등한 관계가 유지되어야 한다. 예전에는 남편과 아내가 겸상을 하지 못할 정도로 남자 중심의 사회였다.

남자와 여자가 상하 관계였다. 하지만 지금은 시대도 많이 변화되었고 사람들의 마인드가 많이 달라졌으며 무엇보다 여자들도 이제는 사회에 큰 영향력을 끼치는 존재가 되었다.

남자와 여자는 평등하다. 초등학교 시절 양성평등에 대한 글짓기를 했던 기억이 난다. 그때마다 사회가 정말 많이 달라졌다는 것을 느꼈는데, 이제는 정말 남녀 모두가 동등한 존재라는 것을 인식해야 한다. 부부간에 서로 동등한 존재라는 것을 인식한다면 소통이 안 될 이유가 하나도 없다. 남편은 아내의 말을 잘 들어줄 것이며, 아내도 남편의 말을 잘 들어줄 것이다.

내가 어릴 때 '소통하지 않으면 통곡한다.'라는 말씀을 해주신 목사님이 계셨다. 사실 이 말씀의 내용은 잘 기억이 나지 않는다. 그렇지만 이 말씀의 제목이 나에게 너무 강한 임팩트를 주어서 그런지 몰라도 이 말씀의 제목이 항상 머릿속을 맴돌았다. 배우자와 소통하지 않으면 결과는 통곡하는 자신을 보게 될 것이다. 배우자와 소통이 되지 않아 통곡하는 일이 일어나지 않도록 정말 많이 노력해야 한다.

자신이 생각하는 대화법으로 배우자와 대화하는 것은 소통이 원활하지 않을 때가 더 많을 수도 있다. 말을 하는 것은 듣는 배우자에게 나의 생각을 주는 것이니 배우자의 입장을 생각하며 말해야 한다. 아내의 소통 방법에 따라 남편은 입을 닫을 수도 있고 열 수도 있다. 나는 남편의 입을 열게 하는 지혜로운 아내가 될 것인가? 남편의 입을 닫게 하는 어리석은 아내가 될 것인가? 자신의 말 한마디로 인해, 들어주는 것 하나로 인해 부부간 소통 방식은 정말 많이 달라진다. 나는 결혼하기 전 항상 남편의 말을 잘 들어주는 아내가 되어야겠다고 다짐했다. 말을 하고 소통이 되고 있다는 느낌을 주는 배우자가 되도록 하자.

내성적인 남자와 소통하는 법

말이 간결해야
어진 사람이다.

− 율곡 이이 −

나와 가장 친한 사람은 아무 말을 하지 않고도 불편하지 않은 사람이다. 침묵이 흐르는 가운데서도 어색하지 않은 사람이다. 어색한 분위기를 바꿔보려고 애써 주저리주저리 말을 하는 사람은 서로가 친하지 않다는 증거이다. 나는 남편과 만나기 시작하면서 그가 내성적인 사람이라는 것을 알고 있었다. 그래서 우린 마음으로 더 많이 소통했다.

나는 음악교육과였기 때문에 3학년, 4학년 때 수업 시연을 많이 했다. 수업 시연 영상을 찍어보기 전까지는 내가 사투리를 그렇게 많이 쓰는 사람인지 모르고 있었다. 말의 높낮이, 굴곡도 심했다. 나는 사람들에게 "나는 사투리 안 쓰는 사람이야."라고 말하고 다녔는데 그 말을 들은 사람들은 '그렇다'라는 사람도 있었고 '아니다, 사투리 엄청 많이 쓴다.'라는 반응을 보이는 사람도 있었다.

영상을 보니 나의 사투리를 안 쓴다는 그 말이 너무 부끄러웠다. 이제는 어디 가서 사투리 안 쓰는 사람이라고 절대 말하지 않는다. 결국 나에게 사투리를 쓰지 않는다고 말하던 사람들은 전부 나와 같은 지방의 사람들이었다. 같은 사투리를 쓰고 있는 사람에게 들은 대답은 믿으면 안될 말이었다.

남편을 만나고 나니 이렇게 말의 높낮이가 있고 음율이 있는 것 같은이 말투가 좋고 꽤 괜찮다는 것을 알게 되었다. 남편이 나의 이야기를 들으며 자주 웃고 집중해주는 것이 대화의 내용적인 부분도 있겠지만, 연주자다운 어조로 말을 해서 그런 것이 아닐까 하는 생각도 했다. 어린아이들도 수업을 들을 때 로봇처럼 딱딱하게 말하는 선생님보다 밝고 말의높낮이가 있어서 활발한 느낌을 주는 선생님의 수업에 더 관심을 보이고참여도도 높다.

나의 사투리가 섞인 말투와 말의 굴곡은 결과적으로 남편이 나에게 좀 더 집중하게 하는 계기가 되었다. 남편에게 로봇처럼 딱딱하게 말하지 않고 오히려 웃으며 부드럽게 말했다. 남편은 나의 이런 발화 방식이 더 집중해서 듣게 하고 소통하고 싶게 만들었다고 말했다. 내성적인 남자와 소통하는 첫 번째 비결은 상대방이 소통하고 싶은 마음이 들게 해주는 것이 아닐까 하는 생각을 했다. 남편은 내성적인 성격의 사람이었지만 점점 알아갈수록 '내성적인 사람도 소통하기 쉽네!'라는 생각이 들었다.

남편과 결혼하고 살아보니 연애할 때는 볼 수 없었던 남편의 모습을 하나씩 보게 되었다. 그런데 성격적인 부분과 소통하는 부분에 대해서는 결혼해보니 정말 많이 변했다는 생각이 들었다. 나의 애교부리는 모습을 보고 남편이 옮았는지 지금은 남편이 나보다 더 애교가 많다. 남편의 말과 행동을 보고 있으면 정말 '나보다 더한다.'라는 생각이 든다.

나는 이런 남편의 애교 있는 모습과 활발한 모습을 보면 깜짝깜짝 놀란다. 내가 알던 사람은 이런 사람이 아니었는데, 어떻게 짧은 시간에 이렇게 변했을까 하고 말이다. 남편의 모습을 보고 놀랄 때마다 남편에게 하는 말이 있다. "남편의 이런 모습을 다른 사람들은 하나도 알지 못할 텐데 이런 모습을 보여주고 싶다."라고 말했다. 남편은 나의 이런 말을 들을 때마다 절대 안 된다고 말한다. 이런 모습은 아내만 봐야 한다고 말을 덧붙였다. 남편이 나의 말에 반대하니 나는 남편에게 "오빠에게 이런 모습이 있다는 것을 알면 사람들은 깜짝 놀랄 텐데 나 혼자 보기 너무 아깝다."라고 말을 했다.

남편의 이렇게 밝고 애교 많고 활발한 모습을 보고 있으면 가끔은 이런 생각이 든다. '원래 이런 사람인데 사람들에게는 숨겨 왔던 건가? 아니면 정말 나를 만나서 단기간에 갑자기 변화된 건가?' 남편에게 아직 이 질문은 제대로 하지 않았다. 이런 질문을 들으면 남편은 다시 예전의 내성적인 모습을 보일까 봐 앞으로도 물어보지 않을 것이다. 남편이 내성적인 사람이 아닌 외향적인 성격으로 바뀌었으면 좋겠다.

내가 외향적인 사람이라 그런지 내성적인 성격으로 살면 말도 제대로 하지 못할 것 같고 자신의 마음을 제대로 표현하지 않으니 너무 힘들 것 같다. 남편도 나에게 "만약 나중에 자녀가 생긴다면 성격은 꼭 널 닮았으면 좋겠어. 내 성격을 닮은 자녀가 나오면 자녀가 너무 힘들 것 같아."라고 말했다. 남편도 자신의 내성적인 성격이 싫다고 말했다. 어쩌면 남편도 자신의 내성적인 성격이 너무 힘들어서 나의 앞에서라도 외향적인 성격, 밝은 성격이 되려고 노력하는 것일지도 모른다.

남편도 아내와 소통하려면 자신의 마음을 표현해야 한다는 것을 누구보다도 잘 알고 있다. 알기 때문에 남편 스스로가 표현하려고 노력하는 것이고 나는 남편의 그 마음과 생각, 모습을 조금씩만 건드려주면 된다. 나의 밝고 긍정적인 에너지를 나눠주면 된다. 그러면 남편에게 그 밝음과 긍정적인 에너지가 전달되어 남편도 외향적인 성격으로 점점 변해간다.

연애할 때보다 지금 모습을 보면 정말 많이 변했는데 앞으로도 나의 애교와 밝음과 긍정 에너지로 남편이 얼마나 더 변화되고 표현하며 나와 소통하는 남편이 되어줄지 기대가 된다. 앞으로 나는 남편과 말로도 그리고 마음으로도 소통하는 이상적인 부부가 되지 않을까 기대한다.

나는 남편과 집에 들어가는 길에 얼음 틀과 컵이 필요해서 다이소 근처에 내려달라고 말했다. 그러자 남편은 나에게 화장실 청소할 때 쓰는 스펀지 좀 사다 달라고 부탁을 했다. "그 다이소에 보면 네모 모양으로 생겼는데 작고 여러 개 들어 있고 하얀색이고 천원, 이천 원 하는 거 있어." 남편이 이런 식으로만 말해서 다이소에 들어가기 전까지는 남편이 원하는 스펀지를 100% 이해하지 못하고 다이소로 들어갔다.

내가 필요로 했던 물건들을 다 고르고 남편이 부탁한 스펀지를 고르러 갔는데 남편이 원해서 말한 스펀지의 모양이 한 가지만 있는 것이 아니라 여러 가지 종류의 스펀지들이 있었다. 남편의 말에 부합하는 스펀지

들 중에서 무엇을 사야 남편이 원하는 스펀지일까? 약간 고민하다가 남편의 말에도 충족이 되면서 내가 사고 싶은 스펀지를 골라 계산을 하고 집으로 들어가서 남편에게 전달했다.

남편은 내가 건네는 스펀지를 보더니 "와~ 내가 원하던 스펀지야! 어떻게 알고 내가 원하던 스펀지로 딱 사 왔네?"라는 말을 하며 되게 좋아했다. 남편이 원하는 스펀지를 받아 열심히 화장실 청소를 하는 모습을 보니 별거 아니지만 남편과 마음이 통한 것 같아서 신기했다. 스펀지 하나에 우리는 마음을 통한다는 것을 느끼며 좋아하는 것이 참 어린애들이 노는 것 같이 순수한 마음이 느껴졌다.

나는 대학교 4학년 때 남편과 연애를 시작했다. 나는 음악교육과 전공에 더블베이스라는 악기를 전공해서 대학교 4학년 때부터 오케스트라 연주 활동을 조금씩 시작했다. 더블베이스라는 악기는 현악기 중에 가장 큰 악기이고 저음 파트를 담당한다. 더블베이스라고 설명을 해줘도 잘 이해하지 못하는 분들에게 대부분 첼로같이 생긴 건데 첼로보다 더 큰 악기라고 하면 대개는 어떤 악기인지 잘 이해하신다.

악기가 큰 탓에 연주하러 가거나 악기를 움직여야 할 일이 생기면 아빠가 항상 도와주었다. 그런데 남자친구가 생기니 자연스레 남자친구인 남편에게 부탁하게 되었다. 남편은 나의 부탁을 대부분 들어주어서 연주할 악기를 옮겨주며 연주를 함께 다녔고 그 덕분에 남편은 오케스트라 연주를 자주 볼 수 있게 되었다.

남편은 연애하기 전에는 연주를 보러 가보고 싶어도 같이 갈 사람도 없고 잘 모르기도 해서 제대로 보러 가본 적이 없는데 연주하는 사람을 만나니 연주를 보러 다닐 수 있어서 너무 좋다고 말했다. 당연히 음악을 배우지 않은 사람은 잘 알지 못한다. 그래서 알고 듣는다기보다는 마음으로 듣는 것이고 내가 연주하는 것을 누구보다 진심으로 박수쳐주었다.

남편과 결혼을 하고 박스 정리를 한 번 했는데 거기에 내가 연주했던 팸플릿이 전부 나왔다. 그래서 나는 사실 이런 것까지 모으고 있었을 줄은 몰라서 깜짝 놀라기도 하고 감동도 받았다. 남편이 모아둔 팸플릿을 보며 "내가 이런 연주도 했었지." 하며 반갑기도 하고 추억에도 잠겼다. 내가 했던 연주들을 기억해주고 간직해주는 남편이 너무 고마웠다.

남편은 말로는 전부를 표현하지 않아도 나에게 항상 마음으로 전부를 표현하고 있다는 것을 느꼈다. 말로 표현하면 금방 알아듣지만, 마음으로 표현하는 것을 알아차렸을 때의 기쁨은 더 큰 것 같다. 그래서 마음이 통하는 사람을 만나야 한다는 것이 이런 경우가 아닐까. 남편과 나는 말로도 잘 통하지만, 마음으로는 더 잘 통해서 너무 행복하다.

처음 남편과 연애할 때는 남편보다 내가 조금 더 많이 말을 했을지도 모른다. 하지만 결혼한 지금은 나보다 남편이 더 말을 많이 할 때가 있고 말을 하지 않고 마음으로 소통할 때도 있다. 그래서 내성적인 성격도 충분히 소통할 수 있다는 것을 알았다. 내성적인 사람과 만난다면 마음을 열 수 있는 계기를 주어야 하고 옆에서 밝은 모습과 긍정적인 에너지를 항상 보여줘야 한다. 마지막으로 굳이 말로 소통하지 않아도 우리는 소통하고 있다는 느낌을 느끼게 해주는 것. 이것만 해도 내성적인 사람과 소통하는 삶을 살아갈 수 있다. 내성적인 사람은 옆에 있는 사람의 모습을 통해 마음을 열게 된다.

05

싸우고 싶어 하지 않는 남편에게

안타깝게도 여자와 함께 살아갈 수도 없고
여자 없이도 살아갈 수가 있다.

— 바이런 —

보통의 부부는 싸우고 싶어 하지 않는다. 부부는 싸우기 전이나, 싸운 후에도 계속 얼굴을 봐야 하며, 계속 감정을 공유해야 하기 때문이다.

남편은 나와 생각이 맞지 않아 불편한 감정이 들면 나와의 자리에서 혼자 피할 만큼 싸우는 것을 너무 싫어한다. 이런 남편에게 나는 어떤 아내가 되어야 할지 생각을 한다. 싸우고 싶어 하지 않는 남편에게 어떻게 해주어야 할지.

남편의 여러 가지 모습 중에서 가끔은 소심하다고 생각하는 부분도 있지만, 서로가 화난다고 해서 당장 화를 내고 싸우면 안 된다. 각자의 시간을 가지며 생각을 통해 한숨 쉬고 대화를 시작하면 생각도 많이 정리되고 싸울 필요가 없다는 것을 알게 된다. 부부간에 자신의 감정을 컨트롤한다면 무슨 일이든 아무것도 아니라는 것을 누구보다 잘 안다. 싸우게 되는 그 순간의 감정을 잘 다스리는 현명한 사람이 되자.

내가 경험한 남편은 감정 조절을 생각보다 잘하지 못하는 사람이다. 물론 자신의 감정이 좋지 않다고 해서 소리를 지르고 물건을 던져버리고 하는 정도까지는 아니지만, 자신의 감정이 좋지 않다는 것이 너무 잘 드러난다. 그리고 기분이 좋지 않으면 특유의 마음에 들지 않는 눈빛이 있고 나와의 관계에서도 감정적으로 힘들 때 싸우지 않으려고 피하는 것을 보면 자신의 감정 컨트롤이 잘되지 않는 것이라고 생각했다.

우리가 잠시 오피스텔에서 거주할 때였다. 처음 이사 온 후 남편은 오피스텔 관리실에 주차 등록을 하고 왔다. 남편은 관리자에게 주차 등록을 했으니 당연히 주차 등록이 되어 있을 것이라고 생각했고 우리는 집을 나섰다. 차를 타고 지하 주차장을 나오려고 하는데 주차 차단기가 올라가지 않는 것이었다. 처음에 남편은 "어? 주차 등록을 했는데 왜 안 올라가지?" 하며 관리실에 문의했다.

알고 보니 차량 등록 관리 업무 중 우리 위에 있던 사람의 차량 정보를 지워야 했는데 우리 차의 차량 번호를 지워버린 것이다. 그래서 우리는 주차 등록이 안 되어 있던 것이다. 남편이 물론 처음에는 차분하게 말을 하려 노력을 했지만, 뒤에는 차들이 밀려 '빵빵'거리는 탓에 남편이 너무 당황해서 그런지 화를 냈다.

나는 나의 화나는 감정도 숨기려고 노력하는 사람이기 때문에 그런지 몰라도 남편이 자신의 좋지 않은 감정을 표현하는 것을 보니 나의 기분이 너무 좋지 않았다. 물론 나에게 화내는 것이 아니라 어떤 상황에 화가 난 것인데 그 화가 난 감정은 나에게 오는 것 같았기 때문이다.

남편이 어떤 상황에 화가 나고 그 감정을 스스로 컨트롤하기 힘들어하는 모습을 보고 나는 사실 조금 이해가 가지 않았다. '어른이라면, 성인이라면 자신의 감정을 어느 정도는 케어할 수 있어야 하지 않을까?'라는 생각을 가지고 있었기 때문이다. 그런데 남편은 그런 부분에서 약하니 말이다. 나는 주차장에서 남편의 안 좋은 감정을 표현하는 방식이 몹시 좋지 않았다. 그래서 말을 하면 싸우게 될까 봐 한숨을 참았다. 싸우는 것을 싫어하는 남편이라는 것을 누구보다 잘 알고 있어 나의 생각을 정리했다.

주차장을 나와서 도로를 달리며 나는 남편과 이야기를 했다. 가장 먼저는 우리가 다른 사람들에게 일부러 피해를 준 것이 아니라는 위로를 해주었다. 관리 직원의 실수로 인해 어쩔 수 없이 이런 일이 일어난 것이고 우리 앞의 차가 이런 상황이 일어나더라도 우리는 기다려 주었을 것이라고 말했다. 나의 말을 들으며 남편은 화를 다스렸다. 남편도 상황을 이해하니 빨리 기분을 전환시켰다.

항상 자신에게 좋지 않은 상황이 생기면 감정 컨트롤이 힘든 남편의 모습을 본다. 그렇지만 다행인 것은 나의 말을 잘 들어주고 자신도 좋지 않은 감정을 빨리 내보내려고 노력한다. 남편이 스스로가 좋지 않은 모습을 하고 있다는 것을 알고 있는 것 자체만으로도 변화할 수 있는 모습이라서 참 다행이다.

남편은 감정을 컨트롤하는 데 혼자만의 시간이 필요한 사람이다. 남자들이 자신만의 동굴이 필요하다는 이유도 이런 것에 전부 포함될 것이다. 남편은 개인주의의 성향이 있어서 누구보다 자신의 공간과 자신이 생각할 수 있는 시간이 필요한 사람이다. 사람이 살아가는 데 있어서 생각하는 것이 참 중요하다는 것을 잘 알고 있다.

사실 어떻게 보면 부부 사이가 좋지 않고 어떤 문제들이 발생함에도 아무 생각 없이 그냥 아무렇게나 되라 하는 것보다는 혼자만의 공간에서 생각하는 남편의 모습이 훨씬 좋다.

남편은 혼자만의 시간을 가지며 화가 나면 그 감정을 누그러뜨리는 방법을 알게 되었다. 첫 번째 방법은 영화를 보는 것이다. 남편은 영화를 보는 것을 원래 좋아하는 사람이다. 그런데 화날 때 영화를 보면 영화의 스토리에 집중을 하게 되니 화난 감정을 점점 잊어버리는 것 같다. 두 번째 잠을 잔다. 잠을 자는 것은 몸이 휴식을 취하게 되어 기분 전환에도 도움이 된다. 원래의 좋은 기분으로 돌아오게 만드는 가장 좋은 방법이라고 남편은 말했다. 세 번째 밖에 나가 산책한다. 화난 감정으로 집에 있기보다 밖을 산책하며 좋은 공기를 마시고 나무와 하늘을 보며 기분을 전환시키는 것이다.

남편은 자신만의 방법으로 화를 누그러뜨리고 더 큰 싸움이 나지 않도록 좋지 않은 감정을 좋아하는 일을 하며 없애버리거나, 환기를 시킨다. 이럴 때 남편과 결혼하기를 참 잘했다는 생각이 든다. 남편과 결혼해서 살아보니 자신의 안 좋은 모습을 이미 알고 보여주지 않으려고 노력하는 모습이 참 좋다.

이 세상에 단점이 없는 사람은 단 한 명도 없다. 다만 자신의 단점을 알고 얼마나 가리느냐의 차이일 뿐이다. 자신의 단점을 알고 최대한 가려야 한다. 보이지 않도록 노력해야 한다. 단점이 보여질수록 싸움은 시작된다. 남편도 자신의 단점을 계속 숨기고 드러내려고 하지 않기 때문에 나와 덜 싸우거나 안 싸우는 것이다. 부부 관계에 있어서 자신의 단점을 먼저 파악하고 이 단점들을 고치려고 하거나 도저히 고쳐지지 않는 것이라면 숨기자.

이해할 수 없을 때 이해하는 것이 이해의 시작이다. 사랑할 수 없는 모습을 보고 사랑할 때 진정한 사랑이 시작되는 것이다. 감정을 컨트롤하는 부분에서 나는 남편의 모습을 보며 이해가 안 되는 부분이 있었지만, 이해했다. 이해하니 나의 마음이 편안해졌다. 남편이 나를 위해 많은 노력을 하는 모습을 보면 항상 긍정적인 생각들만 가득 채우고 있다는 느낌이 든다. 긍정적인 마음을 채움으로써 우리는 더 싸우지 않는다. 그리고 싸우고 싶어 하지 않는 남편이기 때문에 나도 남편에게 먼저 싸움을 걸지 않는다. 서로 싸움을 걸지 않는 한 싸울 일은 절대 없다.

06

용서는 선택이 아니라 필수다

용서는 과거를 변화시킬 수 없다.
그러나 미래를 풍요롭게 만든다.

− 피올 뵈세 −

실수하지 않는 완벽함을 가진 사람은 이 세상에 존재하지 않는다. 사람은 잘못할 수도 있고 실수할 수도 있다. 실수하기 때문에 사람이다. 나는 배우자의 실수와 잘못을 이해하고 용서해줄 수 있는 사람인가? 없는 사람인가? 용서할 수 있는 사람과 없는 사람의 인생과 관계는 엄청난 차이를 보인다.

나는 학원에서 강사로 일할 때 실수로 컵을 깨뜨린 적이 있었다. 그 컵은 세트로 학원에 있었던 컵인데 나의 실수로 컵 하나가 없어진 것이다.

그때는 입사한 지 얼마 되지 않아서 살짝 어렵기도 하고 눈치도 보이고 했을 때인데 그런 큰 실수를 해서 나의 실수에 너무 놀랐다. 그리고 원장 선생님께 너무 죄송스러웠다.

그런데 원장 선생님은 괜찮다고 나의 실수를 다독여주셨다. 나는 그때 나의 실수를 용서해주신 원장 선생님께 너무 감사했다. 화 한번 내지 않으시고 무엇이든 잘 가르쳐주신 원장 선생님 덕분에 다른 사람의 실수도 이렇게 덮어준다면 오히려 더 좋은 마음들이 생기고 일의 능률도 올라간다는 것을 깨달았다.

나는 남편과 연애할 때 야경을 보러 차를 타고 고개를 올라갔다. 올라가기 전 아이스크림을 먹자고 했던 우리는 고개를 올라가기 전에 있던 편의점에 들러 투게더를 샀다. 투게더는 컵이 크니 당연히 다 먹지 못하고 차에 두었다. 우리가 이야기하는 시간이 길어져 아이스크림은 전부 다 녹아 물이 되었다. 집에 가려고 아이스크림을 들다가 잘못 들어서 차 바닥에 아이스크림을 전부 쏟았다.

아이스크림을 쏟은 나는 당연히 남편의 눈치부터 살폈다. 그런데 남편은 괜찮다고 했다. 오히려 눈치 보는 나를 더 달래주었다. 나는 그때 남편이 화를 내지 않고 나의 실수를 덮어주고 쏟은 아이스크림을 다 닦아

준 것이 너무 고마웠다. 정말 내가 남편과 연애할 때 크게 당황했던 에피소드 중 하나다.

만약 그때 내가 차 바닥에 아이스크림을 쏟아서 화를 내거나 조금이라도 싫어하는 티를 냈다면 나는 실망하거나, 상처를 받았을 것이다. 그런데 정말 이건 아무것도 아닌 일이라는 듯이 혼자 치워주었다. 만약 남편이 나에게 화를 냈다면 우린 서로의 모습에 싸웠을 것인데, 나의 잘못에 대한 사과를 받아주고 용서해주는 남편이었기 때문에 지금까지 잘 지낼 수 있었다.

남편은 아마 나에게 말은 하지 않았지만, 내가 남편에게 실수한 일이 있었을 것이고 남편으로서 많이 참아야 할 때도 있었을 것이다. 남편의 좋은 성격상 그냥 나에게 싫은 소리 하기 싫어서 아무 말 하지 않고 넘어간 일들도 많을 것이다. 결국 실수에 대해 관계가 깨어지지 않도록 하기 위해서는 모르는 척 그냥 넘어가거나, 용서를 해주는 것. 이 두 가지 방법이다.

나는 남편에게 실수도 해봤고 용서도 해봤다. 남편의 말과 행동의 실수를 용서했다. 당연히 남편이 나에게 잘못한 것을 인정했고 자신의 모습을 고치도록 노력하겠다는 의지가 보여서 나도 남편의 행동에 용서한 것이다. 그런데 나는 용서를 해보니 왜 남편의 실수를 용서해야 하는 것인지 알게 되었다. 결국 용서는 남편을 위해서 하는 것이 아닌 나를 위해서 하는 것이었다.

어른들은 우리가 어렸을 때 이런 말을 많이 해주셨다. "져주는 사람이 결국 이기는 사람이야." 이렇듯 용서해주는 사람이 이기는 사람이다. 용서하는 사람은 용서하면 그 사람과의 관계에 대해 예전처럼 좋은 모습으로 돌아갈 수 있다. 그래서 용서를 하면 잘못한 사람보다 오히려 마음이 편하다. 잘못한 사람은 안절부절 잘못한 상황에 대해 '어떡하지?'라는 생각을 하며 상대방의 눈치를 보며 감정노동을 한다.

남편이 여러 상황으로 인해 기분이 좋지 않아 나에게 실수하면 나도 기분이 좋지 않게 되고 좋지 않게 된 나의 기분은 남편도 당연히 느끼게 된다. 남편은 나의 좋지 않은 감정을 인지하고 나에게 다가와서 자신의 잘못에 대해 미안하다고 사과를 하며 용서를 구한다. 나는 남편이 하는 사과를 받아들이며 남편의 말에 용서를 해 준다.

나는 남편이 자신이 잘못한 것을 알고 나에게 사과를 한다면 나는 최대한 빠르게 받아주고 용서를 해주는 편이다. 그건 남편을 위한 것도 있지만 나를 위한 것이 더 크다. 남편이 나에게 용서를 구하면 나는 신속하게 용서를 해줘서 내가 겪게 될 감정노동의 시간을 줄인다. 내가 용서를 하지 않고 좋지 않은 마음을 계속 가지고 있으면 결국 나의 감정이 안 좋은 감정만을 유지하게 되니, 될 일도 잘 되지 않는다. 감정노동으로 잘못은 남편이 했을지라도 감정노동으로 힘이 든 건 나이다.

남편의 실수를 빨리 용서해주고 빨리 좋았던 우리 부부의 모습을 되찾아 다시 좋은 기분이 들도록 한다. 서로 감정노동을 힘들게 하다가 잘못을 인정하고 용서하면 부부의 사이는 더 끈끈해진다. 그리고 더 단단해진다. 서로에 대해서 더 깊이 알아갔다는 생각이 마구 든다. 그리고 화해해서 좋은 감정이 들면 다시 원래대로 안정감을 되찾고 행복함을 느낀다.

이렇게 용서 한번 해주면 끝날 일이고 사이도 더 좋아질 일인데 배우자의 말과 행동이 마음에 들지 않고 상처를 주었다고 해서 싸우게 되고 계속 화가 나 있는 상태로 나의 기분과 감정까지 망쳐버리는 인생을 살아갈 것인가. 내 감정과 느낌은 내 것이니 나의 입장에서 잘 생각해야 한다. 안 좋은 감정을 느끼고 있으면 나는 안 좋은 것을 더 많이 생각하게 될 것이다.

단순하게 생각하면 배우자의 잘못을 용서해줄까, 말까이지만 나의 감정을 생각한다면 용서해주고 안 좋은 감정을 빨리 잊어버리는 것이 나에게는 훨씬 더 이로운 것이다. 상대방의 감정을 챙기는 것만큼이나 나의 감정을 챙기는 것도 중요하다. 배우자가 나의 감정까지 책임져줄 수 있는 사람이라면 그나마 다행이지만 그렇지 않은 사람이라면 나의 감정은 스스로 돌볼 줄 아는 사람이 되어야 한다. 자신의 감정을 돌보는 방법 중 하나는 배우자가 한 실수를 용서해줌으로써 나의 감정이 힘들지 않게 하는 것이다.

간혹 자신의 실수에 그냥 눈치껏 넘어가려 하는 사람들이 있다. 남에게 싫은 소리 듣는 것은 자존심이 허락하지 않기 때문이다. 피할 수 있다면 피하는 것이 서로 좋다고 생각하기도 한다. 자신이 잘못한 일에 용서를 구하는 것은 부끄러운 일도 아니고 자존심의 문제도 아니다. 실수를 했다면 용서를 구하는 것은 너무나 당연한 일이다.

부부 관계에서 용서를 구하는 것은 배우자를 사랑한다는 말과 같다. 실수나 잘못했을 때 자신이 인정하지도 않고 고치려고도 하지 않으면 사람들은 그 사람을 싫어하게 되고 관계를 끝내버린다. 실수로 인해 한순간에 잘 유지하던 인간관계가 깨어진 것이다. 만약 실수한 사람이 자신의 잘못을 인정하고 용서를 구한다면 상대방은 '그래도 자신의 실수를 인정하고 고쳐가려고 하는구나.' 생각하며 용서해주고 관계를 계속 잘 유지해나간다. 오히려 자신의 실수를 통해 서로의 마음을 더 잘 알아가서 더 깊어지는 좋은 관계를 맺어가게 될 수도 있다.

　이러한 점을 본다면 실수에 대해 용서를 구하는 것과 용서를 해주는 것은 선택이 아닌 필수이다. 필수라는 의미는 "해야 할까? 말까?" 선택 하는 것이 아닌, 꼭 해야만 하는 것이다. 상황에 따라 꼭 해야 하는 것을 선택하지 않기 때문에 좋지 않은 결과들이 일어나는 것이다. 꼭 해야 하는 일은 다 그만한 이유가 있다. 나와 남편의 모습을 생각해보면 그래도 서로가 배우자에게 잘못하면 눈치껏 자신이 잘못한 부분을 인정하고 용서를 구하기 때문에 크게 싸울 일이 없어서 너무 감사하다.

　배우자를 사랑한다면 자신의 실수에 대해서 용서를 구해야 한다. 그것이 배우자의 마음을 힘들지 않게 하는 방법이다. 배우자를 사랑한다면 배우자의 진심 어린 사과에 용서해주어야 한다. 용서를 통해 내 마음도 감정노동에서 빨리 벗어날 수 있다. 이렇듯 용서하는 것은 선택이 아닌 필수인 것이다. 배우자를 위한 것보다 나를 위해서 용서하는 것이 더 크다. 용서를 통해 부부간의 관계가 더욱 깊어지며 부부의 더 나은 미래를 만들어나간다. 용서를 받은 배우자는 나에게 감사한 마음을 가지게 되며 그 마음을 통해 더 실수하지 않기 위해 노력한다. 그런 노력이 부부를 더 행복하게 만든다.

대화는 양보다 질이 중요하다

나는 남편과 처음 만나 대화를 할 때 온종일 대화만 하고 있어도 좋을 것 같다는 생각을 할 정도로 남편과 대화하는 것이 너무 좋았다. 그런데 남편과 오랜 시간 대화를 하다 보니 우리의 대화가 시간만 버리는 쓸데 없는 대화가 아닌 하나하나 우리에게 도움이 되는 대화이고 앞으로 관계 를 발전시켜나가면서 너무 필요한 대화였다.

나는 남편과 12월 24일에 처음 저녁 식사를 했고 그 후로 영화도 보고 차도 마시며 매일 만났다. 매일 만나다 보니 금방 친해졌고 갈 곳이 없어서 카페에 가서 대화를 정말 많이 했다. 그래서 우리는 서로에 대해 빨리 알아가게 되었고 빨리 친해질 수 있었다. 그런 대화들이 관계를 만들어 가는 데 밑거름이 되어 우리가 지금 결혼까지 하게 되었다. 우리가 만나 서로에게 의미 없는 수다를 떤 것이 아닌 서로에게 필요하고 도움이 되는 대화를 하니 우리는 서로 더 진지한 만남을 생각하게 되었다.

내가 피아노 학원에서 일할 때였다. 학생의 레슨이 끝나자 그 학생은 나에게 "선생님, 몇 번 쳐요?"라는 질문을 했다. 나는 모든 학생이 그렇 듯 열 번 치라고 시켜놓으면 연습하기 싫다는 반응을 하고 그렇다고 조 금 시키자니 연습을 열심히 했으면 좋겠다는 생각으로 나는 학생에게 이 렇게 대답했다.

"네가 몇 번을 치는 것이 중요한 게 아니야. 한 번을 쳐도 제대로 치는 것이 중요한 거야. 세 번만 연습해도 잘되면 세 번만 쳐도 상관이 없지 만, 세 번으로는 부족하기 때문에 더 많이 연습하는 거야. 네가 세 번만 쳐도 충분히 잘 칠 수 있다면 세 번만 쳐도 좋아. 그렇지만 세 번을 연습 해도 잘 되지 않는다면 너의 실력을 키우기 위해 다섯 번, 열 번 치면서 기다리렴."

학생은 나의 말을 바로 이해하였다. 그리고 학생은 나의 말을 듣고 이해서 그런지 평소보다 더 열심히 연습했다. 학생은 연습을 많이 하면 잘하게 될 테니 빨리 연습해서 잘하는 모습을 보여주고 싶었던 것 같다. 그럼 더 많은 연습을 하지 않아도 되니까 말이다.

나는 서로에게 별로 도움이 되지 않는 대화를 오래 하는 것보다 서로가 알아갈 수 있는 몇 마디의 대화가 훨씬 더 좋은 것이라는 것을 깨달았다. 백 번을 이상하게 연습하는 것보다 제대로 한 번을 치는 것이 나의 실력을 상승시켜주는 것처럼 말이다. 백 번 하는 대화보다 제대로 된 단 한 번의 대화를 통해 서로가 더 친해지며, 깊이 알아가는 관계가 된다.

내가 점점 나이가 들어갈수록 느끼는 것이지만 시대가 정말 **빠르게** 변화해간다는 것을 느낀다. 나는 초등학교 중학교 시절 친구들이랑 카페를 간다는 것을 생각해보지도 못했는데 요즘 초·중학생들은 친구들끼리 카페도 다니고 맛있는 것도 먹으러 다닌다. 나는 그런 초·중학생을 보면서 친구에게 이런 말을 했다. "와, 우리 때는 저 나이에 아직 카페라는 것을 알지도 못했는데 시대가 진짜 많이 변했다. 그치?" 친구는 나의 말에 무척이나 공감했다.

나는 고등학생 정도 되어서야 친구들끼리 카페도 가고 음식점도 가고 했던 것 같은데 말이다. 그리고 나는 컴퓨터에서 한글프로그램을 사용하는 것보다, 공책에 연필로 쓰는 것이 좋고 메시지를 주고받는 것보다 쪽지나 편지를 주고받는 게 더 좋은 사람이다. 요즘 빠르면 유치원 아이들도 폰을 가지고 다녀서 정말 놀랐던 기억이 있다.

나는 연애할 때 나의 아날로그 감성을 충분히 살려서 남편에게 엄청난 편지를 써서 선물해주었다. 큰 종이에 밖으로 하트 무늬를 채워서 붙이고 안의 공간에는 하트 모양으로 편지를 써서 남편에게 주었다. 책을 쓰며 남편에게 내가 주었던 편지를 찾아달라고 해서 잠시 동안 편지에 빠졌다.

"처음 쓰는 편지라 무슨 말을 해야 할지 모르는 게 아니라. 하고 싶은 말이 너무 많아서 무슨 말부터 할까 하고 생각중이에요. 여러 가지의 말을 하다 보면 의외의 방향으로 나가버리기 때문에 간단히 쓸게요. …… 사랑받는 여자임을 알게 해줘서 고마워요. 오빠에게 받는 사랑이 너무 커서인지, 오빠에게 예쁜 모습만 보여주고 싶어요. …… 지금까지 오빠와 함께했던 짧았던 시간이 너무 소중해요. 더 행복한 것은 오빠와 앞으로 함께할 시간이 기다리고 있다는 거예요. 오빠도 저를 만나 행복했으면 좋겠어요."

나는 편지를 보며 '내가 이런 말을 할 수 있는 사람이었나?'라는 생각이 들었다. 이렇게 편지를 통해 나의 진실된 마음을 남편에게 전하며 우리의 사랑을 더 많이 키워나갈 수 있었다. 길지 않은 편지였다. 그렇지만 나의 마음을 표현하며 서로의 마음을 알아가기에는 충분했다.

나의 편지를 보고 내가 아는 동생이 나에게 이런 말을 했다. "음악교육과를 갈 것이 아니라 나와 같은 유아교육과를 왔어야 했다. 너무 멋진 편지지이고 정성이 대단하다. 나는 이렇게 절대 못 할 것 같아."라는 말이었다. 나는 유아교육과에서 그렇게 가위로 오리고 풀로 붙이고 하며 힘들어 하는 동생에게 그런 말을 들으니 내심 뿌듯했다.

편지는 말로 하는 것이 아니어서 내가 하고 싶은 말 모두를 빠짐없이 잘할 수 있다. 그래서 나는 말로 하는 것보다 가끔 편지를 써서 주고받기도 했다. 편지로 주고받으니 마음의 대화를 하는 것 같았고 대화의 양보다 질을 더 높이고 있다는 것을 깨달았다. 남편은 당연히 너무 좋아했고 큰 감동을 받았다. 지금까지 가지고 있을 만큼.

물론 내가 편지지를 줄 때 절대 훼손되지 말라고 편지지를 코팅해서 주었다. 4년이 지난 지금도 나의 편지는 하나도 변한 것 없이 처음 그 상태와 똑같다. 나는 부부 사이에 대화하기 힘들 때가 있다면 서로에게 편지로 대화하는 것을 추천해주고 싶다. 편지가 말해주는 명확함이 좋고 편지가 주는 설렘에 매료되어 적어도 나의 배우자가 무슨 생각을 하고 있는지 정도는 알게 될 것이다.

우리는 그렇게 12월을 함께 보내고 그다음 해 1월 1일부터 연애를 시작했다. 이렇게 곧바로 연애를 시작할 수 있었던 이유는 질이 높은 대화를 했기 때문이다. 우리는 친구들이 만나는 것처럼 일상을 이야기하고 수다를 떠는 그런 대화를 한 것이 아니다. 서로의 성격과 꿈, 좋아하는 것, 싫어하는 것 등 정말 서로를 알아가는 데 꼭 필요한 대화들만 했다.

남편과는 결혼 전 2년 정도 연애를 했는데 훈련을 나가는 것 빼고 우리가 연락하고 만날 수 있었던 시간은 딱 1년이었다. 우리는 사계절을 연애하고 결혼한 것이다. 내가 남편과 빨리 결혼을 선택한 이유는 그 사람이 돈이 많고 잘 생기고 능력이 되기 때문에 결혼한 것이 아니다. 그런 이유들로 결혼 상대를 골랐다면 지금의 남편과 결혼을 안 했을지 모른다. 그리고 나도 결혼을 못 했을지도 모른다.

결국 대화가 잘 통하고 서로가 서로에 대해 알아가고 싶어 하고 상대가 원하는 것을 알면 해주고 싶어 하는 그 마음 때문에 결혼을 선택했다. 오빠는 나에 대해 궁금해했고 나도 오빠에 대해 궁금했다. 궁금하다는 것 자체가 관심이 있는 것이니 자신이 관심이 있는 분야에 마음이 끌리

듯, 관심이 있는 사람에게 끌리니 선택을 하게 된 것이다.

우리도 서로가 친구를 대하듯 만났더라면, 친구와 이야기하듯 가벼운 이야기만 했더라면 결혼을 생각하지 않았을 것이다. 친구를 만나듯 편하게 만나 나와 맞지 않는 부분이 생긴다면 쉽게 관계를 포기하는 관계가 되었을 것이다.

나는 남편과 많은 대화를 하면서 대화할 때만큼은 성숙하게 해야 한다는 것을 깨달았다. 연애할 때 어른스러웠던 남편의 모습은 참 매력이 있었다. 내가 어리고 막내딸이어서 그런지 남편이 말하는 것을 들어보면 참 성숙한 사람이라는 것과 성숙하기 때문에 내가 배울 점이 많은 사람이라는 것을 느꼈다.

대화할 때만큼은 성숙한 성인의 모습으로 대화해야 한다. 그래야 대화의 질이 높아지며, 대화를 할 수 있는 마음과 감정이 준비된다. 성숙하지 못하고 어린아이와 이야기하는 것처럼 느끼게 되면 배우자는 나와 대화하는 것을 너무 힘들어할 것이다. 대화는 곧 성숙해질수록 존중하게 되고 존중할수록 흥분하지 않는다.

우리가 자라서 어른이 되면 성인(成人)이라고 하지만, 나이가 들어서 되는 성인이 아닌, 우리는 지혜와 덕이 매우 뛰어나 길이 우러러 본받을 만한 성인(聖人)이 되어야 한다. 우리는 어른이고 성인이다. 남편과 대화만 하면 싸우고 감정노동하고 이혼하는 것이 아닌, 성인답게 성숙한 대화를 하며 대화의 질을 높여가길 바란다.

나는 남편과 연애할 때 만나면 새벽 2시까지 대화를 한 적도 많았다. 서로를 알아가는 대화만 했기 때문에 너무 기분 좋은 대화였다. 연애할 때였지만 함께 미래를 그리는 대화도 했다. 우리는 대화에 진심이었다. 진심으로 대화하는 만큼 대화의 질은 점점 높아졌다. 대화의 질이 높아지니 우리는 쉬운 관계로 끝날 사이가 아니라는 것을 직감했고 우리는 더 성숙한 관계로 발전해갔다. 대화를 길게 해야 대화를 한다고 생각하는 사람도 있는데 절대 그렇지 않다. 원하는 말만 간단하게 해도, 나의 말의 의미와 생각만 잘 전달되어도 대화이다. 진정한 프로는 엄청 긴 글을 짧게 줄이며 의미만 간결하게 전달하는 사람이다.

대화가 잘되는 부부에게는 공통점이 있다

부드러운 말로 상대를 설득하지 못하는 사람은
거친 말로도 설득할 수 없다.

— 체호프 —

나는 남편과 대화할 때 '나는 왜 남편과 이렇게 대화가 잘 통하고 잘 맞을까? 대화가 잘 통하는 부부에게는 달라도 다른 무언가가 있을까?'라는 생각이 들었다. 분명 나와 남편은 대화하면서 감정과 생각, 서로가 통하는 느낌이 든다. 대화가 잘되는 부부에게 공통점이 있다. 그것들을 생각하며 우리는 더 많은 대화를 나누고 모든 것을 나눈다.

나는 어렸을 때부터 교회에 다녔기 때문에 정말 교회에서 만난 친오빠, 친언니 같은 언니, 오빠가 있다. 피를 나눈 친남매는 아니지만, 그만큼이나 소중한 언니, 오빠이다. 그중 한 사람인 진성 오빠는 외모도 좋은데, 말도 너무 유머러스하게 잘해서 어딜 가나 사람들에게 웃음을 주며, 인기가 많은 멋진 오빠이자 너무 좋은 오빠이다.

나는 원래 다른 사람보다 웃는 상이기도 하고 잘 웃기도 해서 그런 것도 있다고 생각을 한다. 그렇지만, 진성이 오빠의 말을 들으면 항상 재미가 있고 웃음이 난다. 정말 레크레이션 강사처럼 말을 잘하고 분위기를 잘 띄운다. 진성이 오빠는 나를 웃겨주고 즐겁게 해주는 좋은 사람이었기 때문에 나는 오빠를 보면 항상 기분이 좋았다.

그런데 진성이 오빠가 나에게 이런 말을 한 적이 두세 번 있다.

"내 말에 웃어주는 건 너뿐이야. 내가 너와 대화하면 대화할 맛이 나. 네가 너무 잘 웃어주니 내가 웃긴 사람인 줄 알았는데 다른 사람의 반응을 보니 웃지 않더라. 너만 나의 이야기에 웃어주니 내가 웃음을 주는 사람이라는 것은 착각이었어."라는 말이었다.

나는 진성이 오빠의 말을 들으며 내심 기분도 좋았고 내가 누군가의 말에 잘 웃어주고 반응도 잘 해줘서 상대방이 말하고 싶게끔 만들어주는 사람이라는 것도 알았다. 나는 남편의 말에도 반응을 크게 해주며, 잘 웃어준다. 그리고 같이 웃기도 한다. 내가 남편의 말에 반응을 잘 해 주니 남편도 점점 나의 말에 반응이 커졌다. 그러니 나도 남편과 더 많은 말들을 하고 싶게 된다.

나는 이런 사소한 반응 덕분에 대화가 잘되는 것이 아닌가 하는 생각이 들었다. 배우자의 말에 반응을 잘 해주며, 공감해주고 잘 웃어주는 것. 대화를 나누는 사람에 따라 대화는 좋은 대화가 되고 그렇지 않다면 좋지 않거나, 나에게 불편한 대화가 된다. 나는 남편과의 대화를 통해 정말 오랜 시간 웃기도 하고 웃음이 끊이질 않으니 웃을 일이 더 많이 생겼다.

나는 남편과 대화를 하며 즐겁고 행복한 감정을 정말 많이 느낀다. 정말 결혼하기 잘했다는 생각이 들 만큼이나 좋아서 많은 부부들에게 대화가 얼마나 중요한지에 대해 알려주고 대화가 부부 관계에 어떤 영향을 미치는지 알려주고 싶다. 그리고 무엇보다 대화하는 것을 통해 우리 부부는 관계가 좋다는 것을 더 많이 느낀다.

'대화의 기술'이 왜 있겠는가. 이제는 대화하는 것도 그냥 막 하는 것이 아니라 기술적으로 생각하고 대화를 해야 좋은 관계를 유지하고 관계를 발전시켜나갈 수 있기 때문이다. 대화의 첫 번째는 들어주며, 이해해주고 공감해주는 것이 맞다. 이것들이 잘된다면 긍정적인 반응과 웃음을 통해 배우자와 더 즐거운 대화를 할 수 있을 것이다.

　사람들은 특히 연인들은 '내가 네 편이 되어줄게.'라는 말을 많이 한다. 그렇지만, 실제 나의 편이 되어준다는 것은 엄청난 일이다. 내가 저지르는 모든 일에 책임을 지겠다는 것과 같은 일이기 때문이다. 그리고 책임을 진다는 것은 자신의 목숨을 걸고 지키는 것이기에 더 엄청나게 신중해야 할 일이다.

　남편은 나의 어떤 생각과 말에도 항상 내 편이 되어준다. 남편이 남의 편이 아닌 나의 편이라서 좋고 다행이라는 생각을 항상 한다. 남편이 나의 편이 되어주니 나는 남편에게 무슨 말이든 편하게 말할 수 있다. 항상 나의 말이 맞다고 해주고 나의 말에 인정을 무척 많이 해준다. 그리고 내가 잘못한 일이 있어도 남편이 앞장서서 책임져준다. 항상 내가 우선순위이다.

　남편에게 내가 항상 첫 번째인 만큼 남편의 말과 행동에서 내가 신뢰할 수 있도록 해주고 나도 남편에게 아내를 신뢰할 수 있도록 해준다. 부모님과 가까이 있을 때는 잘 알지 못했는데 부모님과 몸이 많이 떨어지니 우리가 서로를 더 믿고 의지한다는 것과 앞으로도 이렇게 살아가야 한다는 것을 누구보다도 더 잘 알게 되었다.

언젠가 한 번쯤은 이런 실험을 봤을 것이다. 학생은 눈을 가리고 선생님이 뒤에서 받아줄 테니 믿고 몸을 뒤로 눕혀 보라고 했을 때, 선생님을 믿고 신뢰하는 학생은 자신 있게 자신의 몸을 뒤로 눕혔다. 반대로 선생님을 온전히 믿지 못한 학생은 살짝 몸을 뒤로 눕히다가도 의심이 생겨 주저앉아 버려서 오히려 더 다치게 된다. 이렇게 눈을 가려 앞이 보이지 않는 학생이 "선생님은 나를 뒤에서 잘 받아주실 거야."라며 몸을 던지는 것과 뒤에서 잘 받아주는 선생님의 모습. 이런 것이 진정한 믿음과 신뢰가 아닐까.

믿음과 신뢰가 있으면 어차피 배우자는 나의 말을 인정하고 이해해 줄 테니 굳이 가면을 쓰지 않아도 된다. 가면을 쓰지 않은 나의 모습을 통해 진심이 나오며 더 정확하게 말하고자 하는 상황과 자신의 생각을 전달할 수 있다. 가면을 쓴다는 것은 나를 드러내지 않기 위함이 가장 첫 번째 이유이다. 배우자에게 나를 드러내지 않고 숨긴다는 것 자체가 행복하지 않은 결혼생활을 하고 있다는 증거이다.

나는 지금까지 남편에게 믿음과 신뢰를 잃어본 적도 없고 남편에게 나의 좋지 않은 모습을 들킬까 봐 가면을 쓰고 이야기한 적도 없다. 내가 지금까지 남편 앞에서 가면을 써야 할 일이 일어나지도 않았지만, 만약 가면을 써야 할 정도로 나에게 문제가 생겨도 나는 남편 앞에서 절대 가면을 써 나의 모습을 가리지 않을 것이다. 남편은 가면을 쓰게 하는 남편이 아닌, 내가 쓴 가면을 벗겨줄 남편이라는 것을 너무나 잘 알고 있다.

나는 남편에게 말하는 것이 너무 좋고 편하다. 말이 잘 통한다는 것을 느끼며 살아간다. 우리는 지금까지 쌓아온 믿음과 신뢰를 통해 더 많은 이야기들을 할 수 있을 것이다. 어딜 가나 무슨 이야기를 하나 항상 내 편이 되어주는 남편, 그리고 남편의 편이 되어주는 나는 대화가 잘된다. 남녀가 결혼하면 부부이지만, 부부이기 이전에 사람으로서 자신의 영역을 인정해주는 것을 원하고 그것이 편하다.

쉽게 말해 남자가 자신의 동굴을 만들고 자신에게 힘든 일이 있으면 동굴로 들어가버리는 것처럼 말이다. 남자는 자신의 동굴에 여자가 들어오는 것을 원하지 않는다. 그것은 동굴의 의미가 없어지는 것이고 동굴이 무너지게 되는 것이기 때문이다. 이처럼 부부간에 지켜야 할 선이 있다. 부부가 선을 지키며 대화한다면 더 기분 좋게 대화하게 될 것이고 배우자에게 존중받고 있다는 생각이 들 것이다.

대화에 있어서 부부가 서로 넘지 말아야 할 선은 '부부는 모든 것을 공유해야 한다.'라는 생각이다. 배우자에게 나의 안 좋은 모습은 보여주고 싶지 않은 것처럼 배우자에게 말 하고 싶지 않은 대화 내용도 있다는 것이다. 그런데 그것을 생각하지 못하고 전부 일일이 물어본다면 배우자는 말을 하고 싶지 않은 것이니 일부러라도 입을 닫아버릴 것이다.

남편과 대화할 때 나는 정말 궁금해서 물어본 것인데 남편은 내가 계속 같은 주제의 이야기를 계속 물어보니 귀찮다는 듯이 답을 성의 없이 해주었던 적이 있었다. 그러면서 그 당시 내가 남편에게 느꼈던 감정은 "그만 좀 물어봐."라는 것이었다. 나는 궁금해서 물어본 것인데 남편의 반응이 느려지며 점점 좋지 않아지는 것 같아서 나는 질문을 멈추고 다른 주제의 이야기로 넘어갔다.

나는 그 당시에 내가 궁금한 것이라서 계속 꼬리에 꼬리를 물고 질문한 것인데 지금 생각해보면 남편은 계속 같은 질문을 반복하니 별로 대답하고 싶지 않았을 수도 있겠다는 생각이 든다. 이런 공적인 부분들을 비롯해 사적인 부분들까지도 말하고 싶지 않은 부분들이 분명히 있다.

나는 부부 사이에도 각자의 시간이 필요하다고 생각하며, 각자의 공간이 필요하다고 생각한다. 서로가 말하고 싶지 않은 부분들까지도 존중해준다면 배우자는 자신이 말하고 싶지 않은 부분들까지도 존중받는다는 것을 느끼며, 대화할 때면 더 자유롭고 편하게 대화에 임하게 될 것이다. 대화에 존중하는 마음이 포함된다면 대화는 한없이 잘 통하게 된다.

대화가 잘 통하는 부부는 대화가 잘 통할 수밖에 없는 이유들이 있다. 대화함에 있어서 잘 들어주고 이해해주고 공감해주는 것은 이젠 기본이다. 우리 부부만의 대화가 잘되는 전략을 공약해야 한다. 우리 부부는 그 전략을 반응과 웃음, 믿음과 신뢰, 존중과 부담을 주지 않는 것으로 짰다. 우리 부부의 방법이다. 기본만 해도 평균 이상은 간다. 그렇지만 100점짜리 대화가 되고 100점짜리 소통을 하려면 부부가 원하는 대화법을 만들어가면 된다. 우리는 우리만의 대화법으로 서로를 존중하고 이해하며 항상 대화를 나누고 싶은 부부가 되었고 앞으로도 많은 대화를 나누며 소통하는 부부가 될 것이다.

5장

방법만 알면
부부는 반드시
좋아질 수 있다

배우자에게 기대하지 않고 살아가기

강력한 사랑은 판단하지 않는다.
주기만 할 뿐이다.

- 마더 테레사 -

배우자에게 기대한다는 것은 배우자에게 실망할 수도 있다는 것을 의미한다는 것을 알아야 한다. 배우자에게 기대한다는 것은 서로에게 실망만 안겨줄 뿐이다. 애초에 기대하지 않는 것이 서로에게 짐을 덜어주는 것이다. 배우자가 변하길 기다리는 것이 아닌 내가 먼저 성장하고 변화된 모습을 보여주는 것이 나와 부부를 위한 일이다.

모든 부모님들은 자녀가 태어나면 항상 이 말씀을 진심으로 하신다. "아가야, 세상에 나온 걸 진심으로 환영해~. 제발 아픈 데 없이 건강하게만 잘 자라줘." 이때까지만 해도 부모님의 말씀은 진심이시다. 아이가 자라서 유치원을 다닐 때쯤 부모님들은 언제 그런 말을 했냐는 듯이 영어 유치원을 보내고 학습지를 시키며 초등학교 입학 준비를 하신다.

아이가 세상에 태어났을 때만 해도 건강 말고는 아무것도 바라지 않는다고 하셨는데 아이가 점점 성장할수록 부모님은 아이가 다른 아이들보다 칭찬을 받았으면 좋겠고 우수한 성적으로 명문 학교에 입학했으면 좋겠고 공기업과 대기업에 입사했으면 좋겠다는 생각을 하신다. 물론 부모님의 입장에서 아이가 잘 배워 좋은 곳에 취직해서 잘 먹고 잘 살면 좋은 것이지만 첫 마음은 어디로 가버렸는지 벌써 사라지고 하나도 남아 있지 않다.

그런데 안타까운 것은 아이의 입장이 있다는 것이고 아이는 부모님의 생각과 다른 입장을 하고 있다는 것이다. 아이는 부모와는 다르게 '조금 더 자고 싶은데, 놀이터에서 조금 더 놀고 싶은데, 엄마와 아빠랑 함께 있고 싶은데, 학원 가기 싫은데, 공부하기 싫은데.'라는 생각을 항상 하고 있다.

그런데 잘 생각해보면 우리도 부모님과 이러한 관계로 삶을 살아왔다. 부모님은 생각보다 우리에게 많은 걸 기대하셨고 우리는 부모님이 실망하지 않도록 노력해왔다. 부모님의 기대에 보답하려 노력했고 하기 싫은 것도 부모님을 위해서라면 참고 했고 부모님을 기쁘게 해드리기 위해서 항상 웃어왔다.

어렸을 적 이러한 환경들에 익숙해진 채로 성인이 된 부부는 배우자에게 많은 것을 기대하게 되고 자신도 모르게 많은 것을 요구하게 된다. 배우자를 있는 모습 그대로 보지 않게 되고 자기가 원하는 기준을 만들어 그 기준에 맞춰주길 기대하는 삶을 살아가게 된다. 그리고 자신만의 틀을 만들어 배우자를 가둔다. 배우자는 그 틀에 자신을 맞추기 위해 부단히 노력한다.

예를 들어 아내가 이상향의 틀을 만들어 남편을 그 틀에 끼워 맞춘다고 생각해보자. 물론 아내의 말을 잘 들어주는 남편은 아내의 기준과 틀에 맞추려고 노력할 것이고 그러다 보면 자신도 모르게 발전하고 성장한 모습을 경험할 수도 있다. 그렇지만 이런 상황은 우리나라에 몇 % 있지 않은 남편들의 모습이고 평균적으로 남편들은 아내의 기준을 싫어하게 되고 틀에 맞추다가 남편이 지쳐 쓰러진다. 남편은 자신의 모습은 찾아볼 수 없다고 생각할 것이다.

여기까지 들었을 때, 행복하고 건강한 부부의 모습인가? 이 모습은 부부의 모습이 아닌 부모님과 자식의 모습에 더 가깝다. 남편은 아내의 틀과 기준에 미치지 못해서 좌절하게 되고 아내에게 반감만 생긴다. 아내의 모습에서 마치 부모님의 모습을 보게 되어 굉장히 싫어한다. 아내의 틀, 기준치가 높을수록 남편과 관계가 빨리 깨어질 가능성이 높다. 항상 모든 일과 행동과 말은 적당한 것이 좋다고 말한다. 그런데 그 적당한 선이 대체 어디까지인 걸까.

부모가 노력하는 만큼 아이가 잘 따라오지 못한다면 부모는 너무 힘들어하고 "내 아이가 혹시 문제가 있나? 병원 가서 검사를 받아봐야 하는 것은 아닌가?"라고 걱정을 시작하신다. 이런 스트레스로 인해 부모는 머릿속이 엉망진창 과부하가 걸리게 된다. 기대치가 너무 높았던 부모님도 결국 아이를 포기하게 된다. 아이는 부모에게 반감이 생겨 아무 말도 듣지 않게 되고 부모도 이젠 아이에게 아무 말도 하지 않는다.

부부 관계에서도 기준을 만들고 틀을 만들어 서로를 가두는 것은 결국 자기를 힘들게 하는 일이라는 것도 알아야 한다. 자기의 기준에 맞춰주지 않는 남편의 생각과 모습으로 인해 스트레스 받게 된다. 자기의 기준을 맞춰주지 않고 자기의 기대에 노력하지 않고 실망을 시키는 사람이라면 '이 사람은 나와 맞지 않는 사람인가?'라는 생각에까지 이르게 된다.

나는 지금에서야 알게 되었지만, 남편을 '나에게 항상 웃어주고 항상 기분 좋은 모습만 보여주는 사람'이라는 틀 안에 가두었다. 나는 사람의 얼굴 표정과 행동과 말투에서 쉽게 상처를 받는 사람이기 때문에. 그래서 남편은 내 앞에서 싫은 티도 한 번 내지 않고 항상 웃어주고 항상 기분 좋은 모습만을 보여주려고 노력했다. 이것으로 인해 남편의 감정과 표정은 점점 사라져갔다. 그래서 남편은 남편 황영민이 아닌, 내가 만든 틀로 인해 스마일맨이 되었다.

그러던 어느 날 남편이 나에게 말을 했다. 자신의 삶은 '항상 아내에게 웃어주어야 하는 삶, 아내가 하자는 것만 해야 하는 삶'이라는 것이다. 결국 다 아내가 정하는 삶. 남편 생각은 별로 해주지 않는. 생각을 말해도 결국엔 아내 말대로 하게 된다는 남편의 말을 듣고 적잖게 충격을 받았다. 나는 남편이 나의 말이 좋아서 웃어주고 나의 말대로 따라주는 줄 알았는데 아내를 실망시키기 싫어서 그랬다는 것이었다.

남편에게 나는 이런 사람으로 비쳐지고 있었다는 것을 알게 되었다. 남편은 자신이 하고 싶은 대로, 자신이 하고 싶은 표정대로, 자신이 하고 싶은 소소한 일을 하며 살아가고 싶다는 것이다. 남편의 말에 나는 아무 말도 할 수 없었다. 나는 남편의 진심의 속마음을 듣고 조금 힘들었다. 그리고 내가 기대하는 것이 남편은 원하지 않은 일이라면 결국 기대한 나만 힘들게 된다는 것을 깨달았다.

만약 남편이 나의 기대에 맞춰주지 않았으면 실망하고 싸움이 자주 일어났을 것이다. 남편이 나의 기대에 조금이라도 더 맞춰주려고 노력했기 때문에 이 정도로 넘어간 것이다.

남편은 집안일을 내가 시킬 때보다 자신의 필요에 의해 하게 되면 내가 시켜서 했을 때보다 기분도 더 좋고 말하지 않아도 알아서 척척 잘 한다. 보통은 어떤 일을 시작할 때 자신이 하고 싶은 마음이 있어야 잘 하게 되고 '이 일은 해야 할 것 같다.'라고 느낄 때 일을 성공적으로 마친다. 결국 무슨 일이든 본인이 해야겠다고 마음을 먹어야 몸을 움직인다.

무엇보다 남편의 모습보다 나의 모습과 내면에 집중하게 되면 배우자가 무슨 일을 하든지, 이 일을 왜 안 하는지에 대해 스트레스 받지 않게 되니, 나 또한 자유로워진다. 집안일을 하는 부분에 대해서 남편이 하지 않으면 내가 하면 되고 내가 하지 않으면 남편이 하게 된다. 서로 미루게 된다면 애초에 같이 시작하면 된다. 어차피 집안일을 하지 않고 살아갈 수는 없기 때문에 결국에는 한다.

좋은 부부가 되려면 배우자의 모습보다 배우자를 위해 내가 먼저 변화하고 내가 먼저 성장하고 내가 먼저 스스로 노력하는 사람이 되어야 한다. 내가 변화되면 배우자도 변화된다. 배우자의 말투와 행동은 나의 말투와 행동을 따라간다. '오는 말이 고와야 가는 말이 곱다'는 것이 곧 이런 의미일 것이다.

　결론적으로 남편을 변화시키는 것보다 내가 스스로 생각하고 변화하는 것이 더 빠르다. 그러면서 내가 앞으로 변화될 모습을 기대하며 살아간다면 하루하루를 정말 행복하게 맞이할 수 있다. 내가 생각하고 내가 원하는 이상향의 모습으로 스스로 변화되길 노력하고 실제로 변화되는 모습을 본다면 내가 성장하는 삶을 살아가고 있다는 것을 느낄 것이다.
　나 자신을 발전시키고 성장시키는 모습에서 살아감의 의미를 찾을 것이고 남편에게 더는 기대하게 되지 않을 것이다. 남편에게 기대하지 않을수록 남편은 아내가 만들어놓은 틀에서 자유로워지고 자유로워지는 순간 부부는 행복함을 느낀다.　그러한 자유를 통해 느끼는 행복함은 말로 표현할 수가 없다.

　엄마가 결혼 전이나 후나 나에게 항상 하던 말이 있다. "네가 먼저 부지런해야 하고 나갈 일이 있어도 5분, 10분 빨리 일어나서 집안일도 좀 해놓고 나가고 오빠도 좀 잘 챙겨주고." 사실 엄마의 이런 말을 매번 들어서 이제는 첫마디만 말해도 무슨 말인지 안다. 그렇지만 엄마의 말을 100% 듣지는 않았던 내 모습들이 떠오른다. 지금 생각해보면 이런 엄마의 말이 내가 아내로서 성장하고 변화될 모습에 첫 단추를 끼우는 일이 아닐까 하는 생각을 한다.

누군가와 같이 살아간다는 것은 결코 쉬운 일이 아니라는 것을 우리는 너무나 잘 안다. 결혼해도 배우자와 너무 맞지 않거나 결혼 생활이 힘들면 포기하고 싶어질 때도 많다. 그럴 때마다 상대방인 남편의 모습에 화를 내는 것이 아닌, 적어도 나의 모습을 먼저 돌아보고 내가 배우자에게 너무 많은 것을 바라고 있는 것은 아닌지 생각해볼 필요가 있다. 배우자의 그릇은 손바닥만 한데 배우자를 향한 나의 기대는 내 얼굴만 하면 배우자는 나의 말을 전부 들어줄 수 없는 것이 당연하다. 나는 배우자에게 기대하지 않는다. 내가 성장하고 변화되는 모습을 보여주어 삶으로 보여주고 가르쳐준다.

성격이 다른 것이 제일 잘 맞는 것

행복한 결혼생활에서 중요한 것은 서로 얼마나 잘 맞는가보다
다른 점을 어떻게 극복하는가에 달렸다.

– 레프 톨스토이 –

나와 남편은 성격이 정반대이다. 처음 남편과 연애할 때는 나와 성격이 정반대이기 때문에 나와 맞지 않는 사람이라고 생각했다. 그럼에도 남편을 선택한 이유는 성격은 맞지 않지만 대화가 통하고 사람을 항상 배려하는 사람이라는 것을 느꼈고 나의 노력으로 정반대의 성격을 극복할 수 있을 것이라고 생각했기 때문이다.

부부가 떡볶이를 먹을 때 남편은 떡을 좋아하고 아내는 어묵을 좋아한다고 가정해보자. 그러면 각자가 먹고 싶은 것을 먹으면 되는 것이니 딱

히 싸울 일이 없다. 그런데 만약 남편도 떡을 좋아하고 아내도 떡을 좋아한다면 젓가락은 한쪽으로 몰리게 될 것이고 그릇에는 어묵만 남게 될 것이다.

사람들은 가끔 치킨을 앞에 두면 이런 질문들이 오가곤 한다. "퍽퍽살 좋아해? 부드러운 다리살 좋아해?" 누구는 퍽퍽살을 좋아한다는 답을 하고 누구는 다리살을 좋아한다는 대답을 한다. 그래서 사람들은 자신과 좋아하는 것이 반대되는 사람에게 가까이 가서 앉는다. 나와 좋아하는 것이 겹치지 않으면 서로가 원하는 것을 먹을 수 있게 되기 때문이다.

나는 어렸을 때 여러 사람을 만나면 나와 성격이 똑같거나 비슷한 사람하고만 친해지고 관계를 맺고 공감대를 형성하며 지내왔다. 나와 성격이 맞지 않거나, 나를 이해해주지 못하는 사람이라면 인사 정도는 했지만 깊은 관계는 맺지 않았다. 나는 안 맞는 것은 '안 맞다'라고만 생각했기 때문이다. '나와는 성격이 안 맞는 사람이지만 한번 친해져 볼까?'라는 생각은 아예 하지 않았던 것 같다.

나는 나와 맞지 않는 성격의 사람과 친해지면 그 사람과는 결국 상처만 남는 관계로 끝이 날 것이라고 생각했다. 그래서 나는 16년 동안 학교를 다니면서 정말 깊은 관계를 맺을 정도로 친한 친구는 10명도 채 되지 않았다. 나머지는 오다가다 인사 정도 하는 사이일 뿐이었다.

그런 중에 지금의 남편을 만났으니 조용한 성격의 남편은 나와 맞지 않을 것이라는 생각을 하며 거리를 두려고 했었다. 그렇지만 사람은 많이 겪어봐야 안다는 어른들의 말씀이 맞다는 것을 남편을 통해 처음 알게 되었다. 그리고 나와 성격이 맞지 않으면 맞춰가는 방법을 찾아야겠다는 생각을 처음 했다.

그래서 나는 남편과 깊은 관계를 맺기 위해 서로 마음을 열고 대화도 많이 나누고 서로의 관계 거리를 좁혀나갔다. 그러면서 남편의 성격이라는 것 자체를 이해하려고 노력했다. 그렇게 하나씩 상대방을 알아가니 나와는 성격이 맞지 않지만, 안 맞는 부분을 통해 맞출 수 있는 부분도 생긴다는 것을 알게 되었다.

나는 어떤 선택의 상황에 놓였을 때 남편의 생각과 선택하는 것이 나와 다르다면 한쪽의 선택만 수용해 한쪽의 의견만 따라가는 것이 아닌 두 가지 선택 모두를 존중해 두 가지 선택 모두를 하는 사람이 되었다. 한 사람의 의견을 선택해서 누군가는 포기하고 누군가는 얻는 관계보다는 각자가 원하는 것을 선택한다면 선택의 폭도 넓어지고 두 가지의 선택사항을 얻을 수 있으니 감정노동을 할 필요도 없고 서로에게 상처를 주지 않는 방법이라고 생각했다.

이렇게 각자의 생각과 선택을 존중해주면서 더 많은 것을 선택할 수 있게 되고 좋은 방법들이 생각나게 되고 더 좋은 길로 가게 되었다. 그래서 나는 남편과 선택하는 것에 대해 싸운 적이 많이 생각나지 않는다.

나는 남편과 결혼 준비를 할 때 정말 편하고 쉽게 했다. 특히 남편은 "결혼식은 여자의 날이니 네가 하고 싶은 대로 해."라는 말을 했다. 그리고 남편은 결혼하기 전에도 훈련으로 인해 어차피 나와 소통이 두절되어 거의 내 뜻대로 했다. 신혼집을 꾸밀 때도 남편이 없어서 아빠가 신혼집에 와서 도배, 장판, 타일까지 함께 알아봐주며 도와주었다.

결혼 준비를 하면서 다른 것은 다 괜찮았는데, 신혼여행에서 각자가 원했던 것이 있어서 부딪히게 되었다. 나는 신혼 여행을 하며 휴양하고 싶었다. 그런데 남편은 휴양하면서 동시에 여행과 활동을 즐기고 싶어 했다. 남편이 하고 싶었던 것은 바다에서 하는 스쿠버 다이빙, 스노클링 등이었다.

남편은 스쿠버 다이빙 자격증을 가지고 있었고 게다가 인명구조 자격증을 취득할 정도로 물과 친했고 좋아했다. 그런데 나는 완전 그 반대로

물을 즐기지도 않았고 바다에 못 들어가는 것은 아니지만 약간은 두려움도 있어서 해양 스포츠의 경험은 당연히 한 번도 없었다. 무엇보다 나는 귀가 잘못되기라도 할까 봐 귀에 물이 닿는 먹먹한 느낌을 무서워했다.

그렇지만 나는 남편과 서로의 생각과 선택을 존중해주기로 했다. 그래서 신혼여행을 가서 최고급 호텔에서 쉬기도 하며 마음이 내키지는 않았지만, 해양 스포츠도 함께 해주었다. 그래서 서로가 하고 싶은 것을 전부다 했다. 24년 내 인생 첫 해양 스포츠로 안 좋은 기억이 생겼지만, 이것도 추억이고 경험이라고 생각하니 너무 좋은 신혼여행이 되었다.

나와 남편의 선택이 달라 약간은 힘든 부분도 있었지만 그래도 두 가지를 전부 선택하니 서로의 기분도 좋았고 많은 경험을 얻었다. 해양 스포츠를 신혼여행에서 경험하지 못했더라면 나는 어쩌면 평생 못 해봤을지도 모른다. 이렇게 두 사람의 생각이 다른 것을 전부 수용하고 선택하니, 우리는 한 사람이 선택한 것보다 더 많은 선택을 하고 경험을 하고 재밌는 이야깃거리가 생겼다.

남편은 조용한 성격이라 다른 사람의 말을 잘 들어주는 성격이다. 반대로 아내는 말을 많이 하는 수다쟁이이다. 말을 하지 않는 사람과 말을 잘하는 사람이 만나면 둘은 서로 맞지 않을 것이라고 생각하는 경우가 많지만 절대 그렇지 않다. 남편은 아내의 말을 잘 들어주는 사람이 되고 아내는 남편에게 말을 잘하는 사람이 될 것이다.

남편은 자신이 과묵한 편이니 아내가 옆에서 시끄럽게 말해주는 것을 너무 좋아한다. 아내는 자신이 말을 잘할 수 있는 것이 옆에서 누군가 잘 들어주기 때문에 가능한 일이라고 생각할 것이다. 서로가 다른 성격이지만 각자가 원하는 것을 할 수 있다. 만약 남편도 말이 많은 편이고 아내도 말이 많은 편이라면 서로의 말을 들어주지 않고 각자의 말을 하게 된다. 서로가 말을 많이 하는 같은 성격이라면 소통이 전혀 되지 않는 부부가 되는 것이다. 자신의 말을 하기 바빠 들을 마음조차 갖지 못할 것이다.

나와 남편이 딱 이런 모습이었다. 남편은 나를 만나 성격이 많이 변해서 지금은 말을 잘하는 편이지만, 남편은 조용하고 소심하며 혼자 있는 것을 좋아하는 성격이었다. 나는 남편과 너무나 반대 성격이었다. 사람 만나는 것을 좋아하고 이야기하는 것을 좋아하고 다른 사람 일에 개입하여 고민 상담해주는 것을 좋아하고. 남편과 달라도 너무 다른 성격이었다.

나는 그래서 항상 남편이 나의 말을 조용히 잘 들어주는 것이 너무 좋앴다. 내가 말할 수 있는 무대가 펼쳐진 것이다. 남편도 나에게 가끔 말하곤 했다. "둘 다 조용했으면 정말 답답한 사이가 되었을 텐데 누구 한 사람이라도 시끄러우니 다행이다."라고 했다. 나도 남편의 말에 동의했다. 남편은 책을 읽으며 생각하는 것을 좋아할 정도로 나와는 정반대의 사람이었으니까.

그런데 결혼하고 생각해보니 정반대인 성격이 너무나 잘 맞는 성격이라는 것을 깨닫게 되었다. 누구는 들어가고 누구는 나오니 마치 톱니바퀴가 잘 맞아 굴러가듯 아주 조화로운 관계가 되었다. 나는 나의 말을 잘 들어주는 남편이라는 것을 알기 때문에 더 많은 말을 할 수 있었다.

지금은 나와 남편이 정반대인 성격이라는 것에 아주 만족한다. 서로가 원하는 것을 하며 서로의 성격에 대해 인정해준다. 그래서 성격이 다른 것이 제일 잘 맞는 것이라고도 생각된다. 이제는 나의 말을 들을 때 나에게 이야기를 더 잘해주며 나와 쿵짝을 더 잘 맞추어주려고 리액션도 잘해준다. 남편이 나를 위해 노력해주는 모습을 보며 항상 고맙고 기쁘다.

나는 사람의 성격이 다르고 맞지 않아도 함께 살아갈 수 있다는 것과 더 좋은 관계를 만들어나갈 수 있다는 것을 남편과 결혼하기 전에는 당연히 몰랐다. 그런데 살아보니 내가 생각한 것 이상으로 남편과의 결혼생활이 좋았다. 결국 성격은 안 맞는 것에 초점을 맞추기보다 어떻게 극복해 나가야 하는지를 아는 것이 더 중요하다. 우리 부부는 안 맞는 성격을 극복하는 방법을 '성격이 다른 것이 제일 잘 맞는 것이다.'라고 정의 내렸기에 지금까지 좋은 관계로 발전할 수 있었던 것 같다. 서로의 성격을 더 잘 이해해주고 인정해준 것이다. 성격이 안 맞는 것을 '안 맞다.'라고만 생각하는 것이 아닌 안 맞는 성격을 조화롭게 맞추어가는 노력이 필요하다. 마치 톱니바퀴가 하나의 오차도 없이 잘 맞아떨어져 굴러가는 것처럼.

그럼에도 불구하고 우리는 부부다

사랑이란 서로 마주 보는 것이 아니라 둘이서 똑같은 방향을
내다보는 것이라고 인생은 우리에게 가르쳐주었다.

― 생텍쥐베리 ―

결혼을 통해 배우자와 평생을 약속했다면 결혼생활을 하면서 어떤 경험을 하고 생활을 한다고 해도 결국 우리가 부부라는 것은 변하지 않는다. 부부가 함께 지지고 볶고 싸워도 부부다. 그렇기 때문에 배우자와 함께 싸우는 시간도 아깝다. 미래를 바라보고 성장할 우리의 모습만을 바라보고 선택해야 한다.

남편이 친구들과 늦게까지 술을 먹거나, 친구들과 잦은 만남을 갖거나, 주말이면 아침부터 조기 축구 동호회를 나가면 아내는 무척이나 서

운하고 가족을 우선으로 두지 않는 남편을 이해하기 어려울 수 있다. 남편이 술을 마실 때는 그저 친구들만 생각하기 때문에 집에서 하염없이 남편만 기다리는 아내는 이미 머릿속에서 지워진 지 오래다.

친구들과 사교 모임도 좋고 동호회 모임도 좋다. 하지만 이런 모임을 통해 만난 사람들과 친구들은 나의 인생을 끝까지 책임져주지는 않는다. 물론 그 당시에는 친구들이나 사교 모임이 자신의 스트레스를 풀어주는 수단이 되어 전부가 되었다고 느낄 수 있겠지만, 그 사람들도 결국 나이가 들어 할아버지, 할머니가 된다면 서로 만나지 않고 모임에 대해 생각하지도 않는다.

이런 완전하지도 않은 관계에 왜 시간과 감정을 투자하는지 이해가 되질 않는다. 화가 나는 것은 이런 모임들로 인하여 평생 본인과 함께할 아내와 자식들은 찬밥신세가 된다는 것이다. 결국 나이 들어 도움이 없이는 움직이지도 못하는 사람이 되면 의지할 사람은 가장 옆에 있는 아내밖에 없는데 남편은 그 당시에 즐거움에 눈이 멀어 아내에게 상처를 준다.

나는 어느 날 TV 프로그램을 보는데, 거기서 60~70대로 보이는 할아버지가 저녁상을 차리고 있었다. 너무 깜짝 놀란 것은 할아버지의 저녁상 메뉴는 햇반을 데워 날계란을 하나 넣고 휘휘 저은 밥 하나였기 때문이다. 그 할아버지는 50대에 아내와 이혼을 하신 할아버지셨다. 할아버지는 방탕한 삶에 빚까지 지셔서 결국 아내가 참지 못하고 집을 나간 것이었다.

나는 혼자 아무것도 없는 반찬에 밥을 차려 드시는 모습을 보고 너무 불쌍한 마음이 들기는 했지만, 이혼해서 혼자 살게 된 계기를 들으니 이혼할 수밖에 없었던 아내의 마음도 너무나 공감이 많이 되었다. 할아버지의 그런 안타깝고 불쌍한 인생은 결국 본인이 그렇게 만들었다고 해도 지나치지 않는 말이다.

나는 젊었을 때도 마찬가지이지만 늙어서는 더더욱 옆에 배우자가 있어야 한다고 생각한다. 사람은 연약한 존재이다. 절대 혼자 살아갈 수 없다. 그렇기 때문에 항상 나와 평생을 함께해줄 배우자가 1순위이며, 그다음은 가정이다. 이것은 불변의 법칙과도 같다. 친구가 평생 나와 함께해줄 것이라는 생각은 당장 버려야 한다. 세상 친구는 내가 돈만 없어져도 나를 무시하고 모른 척한다.

나이가 들어 힘이 없어져 몸을 제대로 가누지도 못하는 나이가 되면 내 옆에 있을 사람이 누구인가 생각해보라. 하지만 답은 이미 정해져 있다. 나의 수발을 들어줄 사람은 나의 배우자밖에 없다. 그러니 친구의 손은 놓을지라도, 배우자의 손은 절대 놓으면 안 된다. 배우자와 가족의 손을 놓는 것은 햇반에 날계란을 비벼 먹는 신세가 되는 것이다.

내 인생을 크게 두 부분으로 나누라고 한다면 결혼 전과 후라고 이야기할 것이다. 나는 남편을 만나 인생이 한순간에 싹 바뀌어버렸다. 내가 의지해야 할 사람은 부모님에서 남편으로 바뀌었고 경제적으로 독립할 수 있게 되었고 이제는 부모님 밑에서 교육받고 배우는 것이 아닌 남편과 함께 동역하며 성장할 수 있는 사람이 되었다.

24세의 어렸던 나는 한 사람과의 결혼으로 인해 남편을 얻었고 남편과 부부가 되었고 나의 가정을 얻었다. 나는 남편과의 결혼을 통해 생각, 행동, 말투가 조금 더 성숙해지고 성장하게 되었다. 사회생활을 제대로 하기 전 결혼부터 했으니 결혼을 통해 독립했다는 것이 맞다.

사실 결혼을 빨리 해도 되겠다고 생각했던 이유 중 하나는 부모님도 얻고 남편도 얻는 생활을 할 수 있겠다는 생각이었기 때문이다. 이런 나의 모습을 통해 나는 내 모습과 생각을 보면 나는 참 누군가에게 의지하는 성향이 있는 사람이라는 것을 알게 되었다. 그런데 결혼을 해보니 그게 아니었다. 부모님과 남편을 둘 다 얻는 생활이 아닌 나는 부모님으로부터 독립해서 남편과 함께 나를 성장시켜나가는 삶이 펼쳐졌다.

나는 남편과 결혼 한 이유 중 또 다른 이유가 있다. 남편이라면 내가 배울 점이 있고 함께 성장할 수 있겠다 싶어서 결혼을 선택했다. 남편은 나와 다르게 차분하고 어떤 일에 대해 화가 나도 절대 흥분하지 않는다. 나는 반면에 산만하지는 않지만 여기저기 관심이 많고 화가 나면 쉽게 흥분도 하는 스타일이다. 그래서 나는 나와 다른 남편의 좋은 점을 배워야겠다고 생각했다.

결국 나는 남편의 좋은 부분을 하나하나 배웠고 닮아갔다. 부부는 서로 닮는다고 하더니 정말 맞다. 정말 다행인 것은 남편의 좋은 면만 닮아간다는 것이다. 함께 살아가다 보면 싸우기도 하고 감정 노동을 하게 될 때가 있는데 그럴 때마다 쉽게 흥분하고 화냈던 나의 모습은 온데간데없고 나는 내면을 다스리며 차분해지려고 노력한다.

나는 나의 모습과 생각을 보며 깜짝 놀랐던 적이 있다. 결혼을 이야기하고 신혼집을 꾸밀 계획을 이야기할 때 남편은 나에게 거실에는 TV를 놓지 말고 큰 책장과 큰 테이블을 두고 싶다는 말을 했다. 그런데 나는 워낙 책을 안 좋아하기도 했고 많이 읽지도 않았으니까, 남편에게 "그래도 거실에 TV는 있어야 하지 않을까?"라고 말했다. 남편은 나의 말도 무시할 수 없었기 때문에 한 발짝 물러나 주었다.

　나는 결혼하고 2년이 지날 때쯤 남편과 함께 책을 읽기 시작했고 그때 책 읽는 매력에 빠졌다. 그래서 나는 결혼한 지 3년쯤 되어 이사를 준비하던 어느 날 남편에게 이런 말을 했다. "우리 새로 이사하는 집에는 거실을 서재로 만들자!" 남편은 나의 말을 듣고 너무 놀라워했다. 한편으로는 자신의 꿈이 이루어졌다고 너무 기뻐했다.

　남편은 나에게 정말 많이 변했다고 했다. 책을 많이 읽더니 마인드가 바뀌고 성장했다는 것이 확 느껴진다는 말로 나를 엄청 칭찬해주었다. 나는 남편의 칭찬을 받고 기분이 너무 좋아서 남편에게 아직 직접적으로는 말하지 못했지만 혼자 속으로 말했다.

　"남편을 잘 만나서 내가 성장하고 성공하나 봐."

　나와 남편은 아직도 부족한 사람이라고 생각한다. 그렇지만 그 부족함에 빠져 있지는 않는다. 부족함을 딛고 어떻게 하면 성장하고 성공할 수 있는지를 항상 생각한다. 그렇기 때문에 나와 남편은 같은 방향을 바라보고 같은 생각을 하고 같은 목적지를 향해 달린다. 나 혼자 했다면 아예 시작도 못 했을 일들이 너무나 많이 일어났다. 그렇지만 남편이 내 옆에 있기 때문에 나는 가능하다고 생각하며 달렸다.

지금은 우리가 처음 만나 이야기했던 비전보다 더 큰 비전이 생겼다. 그 비전을 향해 같은 뜻을 품고 달리는 중이다. 나와 남편은 현재 같은 회사에서 일하고 있다. 이 직장은 평생 직장이라는 생각으로 함께 다니고 있다. 집에서도 함께하는데 직장까지 함께하니 우리는 화장실 가는 시간 빼고는 24시간 붙어 있는 부부이다.

사람들은 같은 직장을 다니면 집에서도 붙어 있고 회사에서도 붙어 있으니 힘들지 않냐고 물어보지만, 우리 부부는 너무 좋다. 너무 행복하고 서로 도움을 주며 같은 목표를 가지고 달린다는 느낌과 생각을 주어 더욱 힘이 난다. 목표가 더욱 명확해지며 내가 해야 할 일을 잘 알고 성공적으로 결과를 낸다.

우리 부부는 회사에서 '꿈부부'라는 별명이 있다. 그만큼 꿈과 목표를 향해 달려나가고 항상 꿈을 꾸며 나를 매일 성장시키는 삶을 살아가기에 주위에서 붙여주셨다. 처음에는 살짝 오글거리기도 했지만, 지금은 그 꿈부부라는 이름으로 살아가기 때문에 더 큰 꿈들을 마구 꿀 수 있는 것 같아서 너무 감사하다. 우리는 지금처럼 함께 꿈꾸며 성장하는 행복한 부부로 평생 살아갈 것이다.

어떤 일이 일어난다고 해도 우리는 부부다. 그렇기 때문에 우리에게 좋은 일이 일어난다면 너무 좋겠지만, 안 좋은 일이 일어난다고 해도 실망하거나 좌절하지 않는다. 안 좋은 일을 통해 더욱더 성장할 우리의 모습만 생각한다. 나와 남편은 인생에서 과거와 현재를 말하기보다는 항상 미래를 보고 말하고 생각하는 부부가 되었다. 나는 남편과 함께 성장하고 남편과 같은 곳을 바라보고 열심히 살아가는 지금 이 순간 너무나 행복하다. 성장할 때마다, 다른 것에 도전할 때마다 끝까지 함께해줄 남편이 정말 최고라고 생각한다. 우리는 부부다. 그것도 매일매일 성장하는 꿈부부다.

04

남편의 행복이 나의 행복이 되는 이유

사랑은 무엇보다도
자신을 위한 선물이다.

– 장 아누이 –

'남편의 행복이 나의 행복입니다.'라는 말을 사람들에게 한다면 사람들
은 무슨 소리를 하는 거냐 하며 나의 말을 무시할 것이다. 어떻게 남편의
행복이 나의 행복이 될 수 있냐고 묻는다면 나는 이렇게 대답할 것이다.

"남편이 웃으면 나도 웃음이 나고 남편이 화가 나면 나도 화가 나고 남
편이 슬프면 나도 슬픕니다."

우리 부부는 일할 때는 시간이 없다는 핑계로 여행을 못 가고 일을 그

만두니 시간은 많아졌지만, 돈이 없다는 핑계로 여행을 제대로 다니지 못했다. 그래서 나와 남편은 여행의 추억은 그리 많지 않다. 때문에 항상 여행에 대한 로망이 조금은 있는 것 같다. 우리 부부가 만약 독일로 유학 겸 이민 갔다면 우리 인생에 엄청난 모험과 여행이 되었을 텐데.

나는 남편과 결혼생활을 하며 크게 깨달은 점이 있다. 그것은 부부는 감정선이 연결되어 있어서 남편의 감정이 그대로 나에게 전달된다는 것이다. 남편이 기분이 좋으면 나도 기분이 좋아지고 남편의 기분이 안 좋으면 나도 기분이 안 좋아지고 남편이 화가 나면 나도 화가 난다.

남편과 나는 얼마 전 경기도 양평에 위치한 '블룸비스타'라는 호텔에 자기계발 시간을 갖고 휴식도 취할 겸 놀러 갔다. 남편은 좁고 그리 좋지 않은 집에 있다가 앞에는 강이 보이고 엄청 커다란 호텔 방에 폭신한 침대가 있는 곳으로 가니 너무 행복해했다. 물론 그 당시 살던 집이 조금 많이 좋지 않았던 집이라 남편의 그 마음과 행복을 이해할 수는 있었지만 그렇게 행복해할 줄은 몰랐다.

나는 남편이 호텔에 들어서는 순간 너무 기뻐하는 그 마음이 온전하게 다 느껴졌다. 그래서 남편의 행복함과 웃음에 나도 행복함을 느꼈고 함께 웃었다. 남편은 앞으로도 호텔에 자주 놀러 와서 자기계발도 하고 쉬자고 했다. 그래서 나도 너무 좋다고 했다. 우리 부부는 이렇게 앞으로도 행복한 감정을 공유하며 살아갈 것이다.

감정이 연결된 부부는 결국 모든 것이 연결되게 한다. 감정은 생각보다 우리의 많은 부분들을 지배하기 때문이다. 나의 감정이 좋지 않으면 될 일도 잘 되지 않고 무기력해지며, 부정적인 사람으로 점점 변하게 된다. 반대로 나의 감정이 좋으면 안 될 일도 되고 신나며, 신난 기분으로 인해 무슨 일이든 행복하게 해낸다. 긍정적인 사람이 되어가는 것이다.

그래서 남편과 내가 집안일로 감정노동을 겪을 때 남편이 나를 피해 혼자만의 시간을 가진 것도 이해할 수 있게 되었다. 남편은 내가 싫어서 다른 방으로 간 것이 아닌, 자신이 느끼고 있는 감정을 나에게 나누어주지 않도록, 나쁜 감정은 공유하지 않도록 나를 위해 혼자만의 시간을 가진 것이다. 이런 것들을 생각하니 남편은 생각보다 나를 더 많이 사랑해주고 위해주고 배려해주고 있다는 생각이 든다.

남편이 감정이 좋지 않을 때 나와 함께 있었더라면 나도 안 좋아졌을 테니 우리는 보나 마나 어떤 문제에 대해서 싸우게 되었을 것이다. 남편의 지혜롭고 현명한 판단 덕분에 우리의 관계는 깨어지지 않고 더 단단해지고 있었던 것이다. 앞으로도 우리 부부는 행복하고 좋은 감정들만 나누며, 서로에게 짐이 될 만한 감정들은 나누지 않도록 노력할 것이다.

행복을 나누면 행복은 배가 되고 불행을 나누면 불행은 반이 된다고 하는데 나는 그렇게 생각하지 않는다. 행복을 나누면 배가 되는 것은 맞지만, 불행은 나누면 불행을 느끼지 않아도 되는 사람까지 느끼게 되는 것이니, 만약 상대방이 느끼고 싶지 않은 감정을 나누는 것이라면 상대방에게 피해를 주는 것이다. 상대방에게 짐을 지우고 싶지 않다면 나의 감정을 컨트롤할 힘을 길러야 한다.

함께 살아가는 사람들은 모든 감정이 공유되고 서로에게 영향력을 미친다. 그래서 사람들에게 좋은 영향력만을 미치려고 하는 것도 이러한 이유 때문이다. 나에게도 남편의 모든 감정과 영향력은 미친다. 물론 나의 감정과 영향력도 남편에게 미친다.

오전 출근하는 차 안이었다. 남편과 나는 그 전날 늦게 자서 피곤하여 아무 말도 하지 않았다. 아무 말 없이 정면만 보고 있으니 남편은 나를 만지며 "오늘 기분 안 좋아?"라고 물었다. 나는 남편에게 "아니? 괜찮은데?"라고 했더니 남편은 나의 표정을 보니 기분이 너무 안 좋아 보인다고 했다. 그런 말을 하고 남편도 앞을 보며 운전을 하고 있었는데 남편의 표정을 보니 표정이 좋지 않았다.

나는 그날 출근길에 남편에게 정말 미안했다. 나로 인해 남편이 기분 좋을 수도 있었던 출근길이 기분이 좋지 않은 출근길이 되어버렸기 때문이다. 항상 좋고 행복한 감정과 기분을 공유하고 싶었던 우리였는데, 나로 인해 그러지 못했음을 후회하며 다음부터는 내 감정도, 기분도 많이 신경을 써 컨트롤해야 한다는 생각을 했다.

남편이 훈련하러 가서 집에 있지 않았을 때도 그렇지만, 남편이 전역을 하고 항상 함께 있다가 친구들과 여행을 하러 가서 집을 비운 일이 있었다. 남편이 3박 4일 정도 친구들과 여행을 했는데 그 당시 남편이 없는 기간 동안 나는 너무 무섭고 외로웠다. 훈련을 하러 나갈 때에는 긴 시간 떨어져 있게 되지만 적응하니 괜찮아졌다. 하지만 붙어 있는 시간이 오래되니 떨어져 있는 짧은 며칠도 나에게는 힘든 시간이었다.

나는 그날로 남편이 나에게 없어서는 안 될 존재라는 것을 다시금 깨달았다. 남편이 나에게 미치는 긍정의 힘, 행복의 힘, 보호해주는 힘이 컸는데 그 힘들이 없으니 나는 의지할 사람 하나 없는 혼자인 세상에 놓여진 것만 같았다. 남편이 여행을 끝마치고 돌아온 날 얼마나 반갑던지 남편의 자리에는 남편이 꼭 있어야 하는 존재임을 뼈져리게 느꼈다.

남편은 모든 부분에서 성공자가 되고 싶어 한다. 작가의 삶에서도 성

공자가 되고 싶어 하고 많은 사람들에게 선한 영향력을 주는 사람으로서
도 성공하고 싶어 하고 경제적으로도 성공하고 싶어 한다. 그래서 남편
은 이루고 싶은 성공을 위해서 누구보다 열심히 노력한다. 나는 남편의
성공을 위해 응원해주며, 용기를 주고 남편에게 기회가 오면 도전할 수
있도록 격려한다.

나는 남편이 성공하고 싶다고 생각한 것에 대해서 너무 뿌듯하고 잘하
고 있다고 박수쳐준다. 누군가는 성공자를 '돈이 인생의 전부가 아닌데
돈만 밝히는 사람'이라고 비난하기도 하고 손가락질하기도 한다. 하지만
나는 남편에게 다른 사람의 소리를 귀담아 듣지 말라고 한다. 성공하겠
다고 마음먹은 이상 성공을 위해 열심히 노력하라고 했다.

사실 돈을 나쁘게만 생각하는 사람들은 돈을 욕망의 수단, 돈 그 자체
로만 보기 때문이다. 행복, 여유, 풍요 등등 돈을 통해 우리가 얻고 누릴
수 있는 소중한 삶의 가치가 많다. 돈은 우리에게 필요한 것이며, 꼭 가
지고 있어야 할 수단이다. 돈을 통해 인생을 변화시킬 수 있고 남의 인생
에까지도 도움을 줄 수 있다.

나는 남편이 성공해서 행복하다면 그것이 나의 행복이라고 생각한다.
남편이 성공자의 삶을 살아가는데 싫어하는 아내는 전 세계에 단 한 명

도 없다. 성공에도 여러 가지 의미가 있지만, 제일 이해하기 쉽도록 돈으로 말한다면 남편이 직장이든 개인사업이든 수억 원의 연봉을 아내에게 안겨준다고 했을 때 아내는 그 돈으로 삶이 달라질 것이다.

남편이 성공자이기 때문에 아내도 남편의 수준을 맞춰주려 같이 성공자가 된다. 이것만 봐도 부부의 삶은 완전히 달라진다. 남편은 자신이 성공해서 누릴 것 누리며 행복한 삶을 살아가고 그 모습을 지켜보는 아내도 함께 행복한 마음과 생활을 공유한다. 부부의 행복은 더 좋은 시너지 효과를 내기 때문에 더 큰 성공과 행복을 누리게 된다.

남편과 아내는 하나이다. 우리나라 달력에 보면 부부의 달이 있다. 가정의 달인 5월에 보면 21일이 부부의 날이다. 21일의 의미는 두 사람이 하나 됨을 의미한다. 부부는 절대 둘이 될 수가 없다. 하나가 되지 않는다면 이미 부부가 아닌 것이다. 부부는 하나이기 때문에 모든 감정을 공유한다. 그래서 남편이 성공해서 행복하다면 나도 행복해지는 이유이다.

나는 남편을 만나 행복한 감정들을 많이 나누고 있어서 행복한 삶과 행복한 관계를 만들어나가고 있다. 나는 이렇게 행복해도 되나 싶을 정도로 행복하다. 내가 나의 삶에서 불행보다 행복한 감정을 느끼기 위해 행복한 감정들을 선택하긴 하지만, 남편이 나의 옆에서 더 많은 행복함을 느끼니 나도 덩달아 같이 행복하다. 행복한 감정을 나누어 우리는 더 큰 행복을 끌어당기고 있다. 남편이 힘들어 나에게 불행한 감정을 전달한다고 해도 나는 그 불행한 감정들을 받는 것을 선택하지 않으면 그만이다. 내가 불행을 선택하기 때문에 불행한 것이다. 이제는 나의 인생에서 그리고 부부의 관계에서 불행함은 선택하지 말고 행복함만을 선택해서 행복한 삶을 느끼며 살아가자.

05

하나님이 내게 보낸 남편

진정한 사랑은 영원히 자기 자신을
성장시키는 경험이다.

– 스캇 펙 –

나는 내가 남편을 만나고 남편과 결혼하고 남편과 인생을 공유하는 부부, 나아가 가족이 된 것이 나를 위한 하나님의 계획이었다는 것을 안다. 내가 남편을 만나 평생을 함께할 이유를 찾고 깨달으면서 살아가는 것보다 더 재밌는 삶은 없을 것이다.

인간이라는 존재가 얼마나 연약한가. 나에게 닥친 어려운 일에 쉽게 쓰러지고 절망한다. 꿈을 찾고 내가 살아가야 할 이유를 찾는 것에 엄청난 세월을 보내고 시간을 낭비한다. 나를 돌아보면 어릴 때는 생각이 없으니 태어났기 때문에 살아야 하고 부모님이 잘 키워주시니 잘아야 하고 학교에서 잘 배우니 살아야 하고 음악이 좋으니 살아야 했던 것처럼 그냥 물 흐르듯이 자연스럽게 살아왔다.

그런데 남편을 만나 함께 살아가니 감정을 공유하게 되고 인생을 공유하게 되어 내가 어떻게 살아가고 싶은지 이유를 찾으려고 생각하게 되었다. 물론 악기를 하고 있을 때는 내 인생에 직업은 연주자가 전부였다.

그런데 악기를 내려놓고 새로운 곳으로 올라오게 되니 또 다른 세상이 펼쳐졌다. 때문에 남편은 내가 겪게 될 변화들에 대해 늘 배려하며 나에게 앞으로 무슨 일을 하고 싶은지 항상 질문했다.

나는 처음에는 남편의 답에 질문하지 못했다. 당연히 악기 말고는 생각해본 적이 없으니까. 그런데 부모님과도 떨어지고 내가 살아왔던 모든 환경에서 멀어지게 되니 남편의 질문에 답을 달아야겠다는 생각이 들었다. 그것은 결국 나를 위한 질문이고 일이니까. 나는 남편의 질문에 답을 달기 위해 책도 읽고 생각도 하며 나를 위한 시간을 보냈다.

나는 고심 끝에 내가 무엇을 하며 어떻게 살아갈 것인지에 대해 어느정도는 답을 찾은 것 같다. 나는 나의 도움이 필요한 사람에게 도움을 주며 살아갈 것이다. 그리고 내게 주어진 기회들을 잡으며 여러 가지 경험을 통해 성장하고 성공하는 삶을 살아갈 것이다. 나는 남편과 가정을 지키며 조화롭게, 평화롭게, 행복하게 살아갈 것이다.

나는 남편에게 이런 질문을 받은 것이 너무 고마웠다. 나를 위해 내가 겪게 될 일에 미리 생각하고 남편으로서 나의 삶을 이끌어준다는 느낌을 받았다. 남편이 이런 질문을 한다는 것 자체가 남편은 이미 나보다는 성숙한 사람이고 자신의 삶에 대해 계속해서 고민한다는 것을 보여주는 것이었다. 나는 아마 남편을 통해 성숙하고 성장하는 사람이 될 것이다.

자신의 삶에 감사하는 마음을 가지고 살아가는 사람이 얼마나 될까?

사실 많은 사람들이 감사하며 살아야 한다고 이야기를 한다. 그렇지만 우리는 험한 세상을 잘 살아가기에도 급급하다는 핑계를 대며 감사하지 않는 삶을 살아간다. 나 역시 감사하지 못하는 삶을 살아왔을 때가 많다. 어른들이 가끔 감사하는 삶을 살아야 한다고 말씀해주시면 그때 서야 "아! 감사해야지, 오늘의 감사 제목은…."

이렇게 감사가 흘러나오지 않던 내 삶에 남편을 통해 감사할 제목들이 생겼다. 내 삶에도 감사가 절로 흘러나오게 된 것이다.

'남편과 무엇이든지 함께할 수 있어 감사', '남편이 항상 나의 편인 것에 감사', '남편은 내가 원하는 것을 하게 해주는 것에 감사', '남편이 나의 꿈을 찾는 것을 도와주어 감사', '남편은 나를 항상 배려해주며, 이해해주고 사랑을 주는 것에 감사', '내가 성장할 수 있도록 도와주며, 함께 성장하기 위해 노력하는 것에 감사', '남편이 투정이나 짜증을 잘 내지 않음에 감사', '남편은 나의 이야기를 잘 들어주며, 대화가 잘 통할 수 있음에 감사', '남편이 내가 갖고 싶은 것을 갖게 해주는 것에 감사', '나의 요리를 맛있게 먹어주는 것에 감사', '평생 함께 행복하게 살아갈 수 있음에 감사', '함께 꿈을 꾸고 이루어갈 수 있음에 감사'

감사하며 살아가니 이제 나에게는 불평할 일보다는 감사할 일들만 넘친다. 감사를 통해 나의 내면은 긍정적인 에너지들이 솟아난다. 감사하는 것은 부부 관계에도 영향을 준다. 남편은 결혼 초에 나에게 "아내가 항상 밝고 긍정적인 사람이라 너무 좋아. 나도 긍정의 에너지가 솟아오르는 것 같아, 내가 너에게 해주는 것에 대해 감사하는 마음을 마구 표현해주니 나는 너무 기뻐. 아내를 위해 무슨 일이든 다 해 주고 싶은 마음이 생겨."라는 말을 했다.

내가 남편에게 감사하는 마음을 가지고 감사함을 표현할수록 남편도 나에게 감사하며, 더 많은 것을 해주려고 노력했다. 감사하는 마음을 가지는 것은 서로에게 긍정적인 영향을 준다. 무슨 일이든 함께 하고 싶어 하는 마음이 생긴다. 집안일을 해야 할 때마다 싸우고 감정 노동하고 네가 하니, 내가 하니 싸우는 일도 이제는 그만해야 하지 않겠는가. 배우자와 싸우고 싶지 않은데 계속 싸움이 일어난다면 고맙다는 말, 감사하는 말을 시작해보자.

남편을 만나 감사할 것들이 늘어나 입에서 저절로 흘러나올 정도가 된 감사하는 마음은 부부 관계뿐만 아니라 나의 일상생활, 사회생활, 인간관계에서까지 좋은 영향을 미치게 된다. 내가 항상 밝은 모습을 유지하니 사람들도 나에게 항상 밝은 모습으로 대해준다. 항상 긍정적인 말을 하니, 내가 듣는 말도 항상 긍정적인 말이다.

내가 감사하는 마음은 직장에서 어쩌다 실수해도 실수를 경험으로 만드는 삶을 살아가게 만든다. 실수와 실패도 내 인생의 경험이라고 생각하고 경험을 딛고 성장한 모습을 바라보니 나는 한 걸음 더 성장한 사람이 되어 있었다. 그래서 이제 나는 일부러라도 감사하는 마음, 감사한 일들을 입에 달고 살아가려고 한다.

남편을 통해 감사하며 내 인생이 변했다. 그리고 지속해서 변하고 있다. 남편을 만나 감사하니 내 인생에는 더 크게 감사할 일들이 다가왔고 다가오고 있다. 행복은 더 큰 행복을 불러오고 감사는 더 큰 감사를 불러온다는 것을 잘 안다. 나는 남편과 함께 감사를 말하며 행복한 인생을 살아간다.

우리는 부모님으로부터 사랑을 받지만, 부모님께 받는 사랑도 잘 표현하지 못하는 삶을 살아왔으니 사랑이란 감정을 모를 수밖에 없다. 결국에는 내가 누군가를 진정으로 사랑하는 것을 해보지 않으면 사랑이란 감정을 잘 이해할 수 없다. 많은 사람들은 진정한 사랑은 자식 정도는 낳아서 길러봐야 진정한 사랑을 알 수 있다고 말한다.

사랑하는 사람을 만나 평생 함께할 것을 약속하면 인간으로서 느껴야 할 모든 감정을 느끼게 된다. 사랑, 인내, 풍요, 짜증, 화남, 억울함, 솔직함, 슬픔, 즐거움 등. 그런데 중요한 것은 배우자를 통해 나의 내면 깊숙이 자리 잡은 쓴 뿌리까지 경험하게 된다는 것이다. 이 쓴 뿌리를 경험함으로써 나는 놀라기도 하고 당황하기도 하고 나 자신이 미워지기도 한다.

이렇게 결혼을 통해 사랑에 대해 알아가게 되며 더불어 나의 내면의 모습까지도 알아가게 된다. 결혼이라는 것은 배우자를 알아가는 일이기도 하지만 동시에 나를 알아가는 일이라는 것을 꼭 기억해야 한다. 나 또한 결혼한 후 그동안 몰랐던 나의 모습들을 종종 보곤 했다. 그때마다 나는 내가 어떤 사람이었는가를 알아간다.

나는 결혼하기 전까지는 상대방에게 겉으로 드러날 정도로 짜증을 내어본 적이 없다. 내가 상대방 때문에 기분이 나쁘고 짜증이 나도 혼자 속으로 삭히는 일이 많았다. 그런데 결혼을 하고 나니 내가 마음이 들지 않는 무언가가 있으면 남편에게 알게 모르게 짜증을 내고 있음을 느끼게 되었다. 그런데 참 웃긴 것은 아무것도 아닌 일에 소꿉장난하는 아이들처럼 짜증을 내는 것이다.

빨래한 옷을 보니 남편이 계속 옷과 양말을 뒤집어서 세탁기에 넣는 것이었다. 물론 남편이 의도하고 그렇게 한 것은 아니지만 개는 사람의 입장에서는 똑바로 벗으면 더 좋겠다는 생각을 하는 것이 당연한 것 아닌가. 평소에는 괜찮겠지만 내가 일하고 와서 피곤하고 힘들 때면 뒤집어서 벗어놓은 것이 더 잘 보인다.

사실 나는 빨래를 개며 생각을 했다. '뒤집어져 있는 빨래를 똑바로 개는 것은 아무 일도 아닌데, 남편한테 이것 하나 못 해주겠어?'라는 생각을 하면서도 매번 뒤집혀 있는 빨래를 보면 짜증이 스멀스멀 올라왔다. 그래서 나는 이만한 일에 남편에게 짜증을 드러내 서로 불편한 상황을 만들기 싫어서 남편에게 목소리에 힘을 실어 말했다. "앞으로 빨랫감을 뒤집은 채로 세탁기에 넣으면 뒤집힌 그대로 갤 테니까 입을 때 뒤집어서 입어!" 남편은 심각성을 느꼈는지 즉각 알겠다고 대답했다.

나는 이런 나의 모습을 생각하며 참 한심하다는 생각이 들었다. '나는 원래 이렇게 짜증을 내는 사람이 아닌데 왜 이렇게 짜증을 내고 있는 거지?' 아마 이게 내 안에 있던 쓴 뿌리가 아닐까 하는 생각을 했다. 밖에서는 항상 착한 학생, 착한 사람, 착한 동료가 되어야 했으니 이렇게 집에서 남편에게 나의 짜증을 표출한 것이다.

나는 결혼을 통해 나는 내가 느낄 수 있는 많은 감정에 대해 깨닫고 내 안에 있는 쓴 뿌리를 알게 되는 과정을 경험했다. 이런 경험을 하며 나의 모습에 대해 알아가게 되고 나의 내면에 더 집중할 수 있는 시간이 되니 내가 속으로 숨기고 있던 나의 목소리를 낼 수 있는 사람으로 변화된 것 같다.

나는 하나님이 내게 보낸 남편을 통해 내가 살아가야 할 이유를 찾고 어떻게 살아가야 할 것인지에 대해서도 답을 내리며 내 인생이 변화되고 있다는 것을 알게 되었다. 남편을 통해 나의 내면을 알아가게 되어, 남편을 통해 나의 목소리를 낼 수 있게 되어 너무 감사하다. 무엇보다 감사할 제목들이 항상 나에게 머물러 있는 삶을 살게 되고 감사가 흘러넘쳐 더 큰 감사를 할 수 있도록 나에게 좋은 일들이 많이 일어나는 일상에 감사한다. 남편을 통해 나의 쓴 뿌리들까지 알게 되었으니 나의 쓴 뿌리들을 없애는 과정에서도 감사가 넘칠 것이다. 하나님이 나에게 보내주신 남편을 통해 나 자신을 알게 되고 변화되고 성장하게 되니 하나님이 나에게 보내주신 남편은 나에게 있어서 최고의 선물이고 기쁨이다.

06

나는 연애보다 결혼이 좋다

전 젊은이들이 결혼을 주제로 얘기하는 것에 거의 신경 쓰지 않아요.
결혼에 대해서 안 좋게 얘기하면 전 그냥 그 사람들이 아직 제 짝을 못 찾아서 그런다고 생각해요.

― 제인 오스틴 ―

사람들은 결혼하지 말고 예쁜 연애만 하라고 한다. 연애 때 느끼는 설렘이란 감정을 가지고 만나는 것이 제일 행복한 것이라고 말한다. 하지만 설레는 감정 하나를 얻기 위해 내가 포기해야 할 일은 너무나도 많다. 내가 생각해왔던 연애의 장점이 꼭 장점만은 아니다. 연애보다 결혼을 선택하는 사람들은 그만한 이유가 분명 있다.

연애하는 것은 상대방의 모든 면을 깊이 알아보고 이 사람이 나와 결혼할 상대로 괜찮으면 결혼할 것이라고 말한다. 그런데 연애와 결혼은 차원이 다르다. 그렇다고 연애를 하지 말라는 것은 아니다. 연애를 통해 이 사람을 전부 알 수 있다는 것은 착각이라는 것을 말하고 싶다.

연애 10년 하는 것보다 결혼생활 10개월 하는 것을 통해 상대방의 모습을 더 잘 알 수 있다. 연애를 통해 상대방을 파악하는 것은 아주 빙산의 일각을 보는 것과 같은 것이다. 그래서 어른들이 연애와 결혼은 다른 것이라고 말하는 것이 이런 부분 탓인 것 같다. 결혼하면 사람은 변한다. 환경도 변하고 연애할 때 상대방에게 잘 보이기 위해 꼭꼭 감춰두었던 모습들을 하나씩 꺼내기 시작한다. 그래서 서로의 모습을 보고 놀라거나, 이 사람과 결혼한 것을 후회하기도 한다.

결혼하기 전에 상대방이 너무 좋아서 결혼까지 생각하고 있을수록 자신은 자신의 본래의 모습, 자신의 쓴 뿌리들을 더 숨기기 바쁘다. 자신의 이런 좋지 않는 모습을 보면 상대방은 관계를 끊으려고 하기 때문일 것이다. 연애는 완전한 관계가 아니다. 말 그대로 헤어지면 그만이다. 하지만 결혼은 평생을 약속하는 것이니 완전한 관계가 된다. 그렇기 때문에 사랑하는 사람을 잃지 않기 위해서 자신의 쓴 뿌리를 숨기는 것이다.

그래서 나는 남편과 결혼하기 전에 남편에 대해 나와 안 맞는 부분, 내가 싫어하는 부분을 찾는 것이 아니라 내가 상대방을 봤을 때 '내가 이해해 줄 수 있는 사람인가?', '남편의 안 좋은 모습을 내가 다 떠안을 수 있는 사람인가?', '그럴 수 있을 만큼 사랑하는 사람인가?'에 대해서 더 많이 생각했다.

어차피 결혼하면 완전하게 내 사람이 되었다는 생각에 연애할 때보다는 마음이 덜하고 무뎌지고 모습과 행동, 말투가 변하는 모습을 보인다. 결혼하면 본래의 모습을 보여준다는 것을 생각하고 내가 상대방의 그런 모습들까지도 이해할 수 있다면 결혼해도 좋다. 그런데 생각해보면 상대가 변하는 것이 아닌, 자신의 본래의 모습을 드러내는 것이라고 말하는 것이 더 정확할 것이다.

결국 상대방의 모습을 보고 결혼하는 것이 아닌, 내가 상대방을 이해해줄 수 있는 마음을 보고 결혼하는 것이다. 나는 남편의 모습을 보고 남편의 좋지 않은 모습까지도 이해해줄 수 있을 것이라는 생각에 결혼을 선택했다. 그랬더니 우리 부부는 싸울 일이 딱히 없다. 내가 남편의 모습을 이해해주면 되는 것이고 남편도 나의 좋지 않은 모습을 본다면 남편도 나의 모습을 이해하고 받아들여주면 된다.

내가 상대방을 위해 이해해줄 수 있는 마음이 있다면 연애를 오래 하는 것보다 결혼하는 것이 더 좋다.

사람들은 연애할 때 두 부류로 나뉜다. 결혼을 전제로 만나느냐, 아니면 결혼은 생각하지 않은 채 그냥 가벼운 연애만 하느냐. 그런데 이 두 가지 물음에 대한 답에 따라서 연애하는 모습의 차이가 엄청나다.

결혼을 생각하며 연애하는 사람들은 상대방의 마음을 더 헤아린다. 만남에 대해서도 더욱 신중해지며, 좋지 않은 일이 발생해도 그 문제에 대해 함께 풀어가려고 노력한다.

반대로 결혼을 생각하지 않고 가볍게 만나는 연인은 상대방의 마음을 쉽게 생각한다. 문제가 생겨도 헤어지면 된다는 생각이 마음 한구석에 자리잡고 있어서 신중하지 않고 힘이 들면 관계를 쉽게 포기해버린다. 이런 마음으로 연애를 하는 연인들은 결혼하지 못할 뿐만 아니라 연애의 기간도 그리 길지 않다.

연애할 때면 일부러 시간을 내어 남자친구를 만나고 데이트 비용, 선물 구입 비용 등 나에게 물질적으로 제일 소중한 두 가지가 없어진다. 이렇게 남자친구를 위해 시간과 돈을 들이고 했지만 결혼하지 않는다면 이미 날려버린 나의 시간과 돈은 아무도 보상해주지 않는다.

나는 남편과 연애를 할 때 남편이 훈련 나가기 전 마지막 데이트를 했다. 내가 남편이 나를 차에 태우고 아무 말도 하지 않고 가길래 오늘을 뭘 할지 물었다. 남편은 어둑한 터널을 지나며 나에게 갑자기 "지금 네 선물을 사러 가는 중이야."라는 말을 했다. 그래서 나는 무슨 선물이냐고 물어도 남편은 아무 대답을 하지 않았다.

그래서 나는 너무 궁금해서 터널을 지나 다른 지역으로 넘어가는 것 같은데 대체 무슨 선물이냐고 물었다. 남편은 말없이 운전하며 웃다가 내가 너무 궁금해하니까 한마디 뱉었다. "지금 창원에 있는 백화점에 아이패드 사러 가는 중이야!" 나는 남편의 말을 듣고 깜짝 놀라면서도 아이패드 선물에 기분이 너무 좋아서 소리를 질렀다.

그 당시 아이패드 가격은 100만 원 정도 했다. 부자가 아니고서야 연인들 사이에 흔히 오갈 수 없는 선물 금액이었다. 나는 내가 갖고 싶은 선물을 받아서 기분이 좋긴 했지만 이렇게 비싼 선물을 해주어도 되는 걸까 하는 마음이 드는 것은 사실이었다.

남편은 결혼하고 나서야 그때 그 선물에 대해 이야기해주었다. "나는 너에게 100만 원을 호가하는 아이패드를 선물할 때 이미 너와 결혼하겠다고 생각하고 선물을 한 거야. 내가 만약 너와 결혼할 생각이 없었다면 아이패드를 선물하지 못했을 거야."라는 말이었다.

내 생각도 그러했다. 사람은 어쩔 수 없이 돈이 있는 곳에 마음도 있다. 돈이 가면 마음도 간다. 평생 함께할 사람도 아닌데 100만 원을 쓰는 것은 무모한 짓이다. 남편은 결혼을 선택했기 때문에 돈 시간 인생을 얻은 것이다. 만약 나와 결혼하지 않았더라면 돈과 시간, 인생을 낭비하는 삶을 살았을 것이다. 헤어지면 내가 상대방을 위해 해준 시간, 돈, 노력, 인생이 다 날아가니 나는 연애에 집중하는 것보다는 결혼이 더 좋다.

모든 남녀 커플들이 그런 것처럼 우리도 데이트를 하면 헤어지기가 너무 힘들었다. 항상 같이 있고 싶은 마음이 들었고 가끔은 저녁에 영화를 보고 나오면 남편에게 이런 말을 했다. "우리가 지금 부부였다면 이렇게 밤에 영화를 보고 나와도 같이 집에 들어갈 수 있으니 너무 좋을 텐데… 영화를 보고 헤어지는 게 제일 아쉽고 힘드네." 남편도 나의 말을 듣고 빨리 결혼했으면 좋겠다는 긍정의 답을 해주었다.

그 후 결혼을 하고 저녁에 영화를 보고 나오는데 그날따라 무서운 영화를 봐서 그런지 남편과 함께 집에 들어가는 것이 너무나 좋았다. 나는 그때 이래서 많은 연인들이 결혼하고 싶어하는 것이겠지 하고 생각했다. 남편과 함께 집에 들어가고 함께 침대에 누워 이야기하며 잠이 드는 시간이 나에게는 너무나 달콤하고 행복했다. 우리만의 집이 있어 데이트가 끝나도 함께할 수 있어 나와 남편은 참 결혼하길 잘했다는 생각을 한다.

나와 남편은 햇수로는 2년 정도 만나고 결혼했지만, 남편이 군인이라는 특수성 때문에 실제로 만난 것은 1년 남짓이었다. 직업 때문에 많이 떨어져 있어야 해서 더 빨리 결혼을 생각했던 것일지도 모르겠다. 어차피 훈련을 나가서 떨어져 있게 되니 땅을 밟고 있을 때라도 함께하자고.

남편은 나와 결혼을 하고 나니 나를 가식이 없는 진실된 모습으로만 대한다. 온전히 내 편에 서서 나의 말을 들어준다. 이러한 남편의 모습을 보면 나는 이 사람과 관계를 이어가기 위해서 가식을 떨어야 하는 연애보다도 진실된 마음으로 있는 모습 그대로를 보여주는 결혼이 훨씬 더 좋다. 내 인생에 있어 결혼이란 아주 잘한 선택이다.

나는 일찍 결혼해서 주위 사람들, 친구들에게 결혼을 말리는 소리도 들었지만, 결혼을 통해 많은 것을 얻었다. 나는 많은 남편감을 알아가는 시간도 아꼈고 돈, 노력, 인생, 감정까지도 아꼈다. 그래서 나는 다른 사람들보다 아꼈던 시간을 결혼해서 남편과 함께 행복하게 살아가고 있다. 결혼 전에는 보이지 않던 남편의 모습들이 결혼 후에 보이기 시작했다. 나는 남편의 모습들을 보며 나도 사람인지라 가끔은 마음이 힘들 때도 있었지만, 그래도 결혼을 해서 남편을 알아가니 연애할 때보다 훨씬 더 깊이 남편을 알아갈 수 있었다. 결혼을 고민하는 연인이 있다면 나는 결혼하는 것을 추천한다.

07

남편을 만난 건 내 인생 최고의 행복이다

행복은 깊이 느끼고 단순하게 즐기고 자유롭게 사고하고
삶에 도전하고 남에게 필요한 사람이 되는 능력에서 나온다.

- 스톰 제임슨 -

내 인생의 첫사랑이자 마지막 사랑은 남편 '황영민'이다. 연애는 다른 사람과 하게 되더라도 결혼은 꼭 남편과 했으면 좋겠다고 말하곤 했다. 그 정도로 남편은 나를 배려해주며, 행복을 주는 사람이다. 남편도 나를 만나 지금의 자리까지 올 수 있었다. 남편의 말을 지지해주는 아내인 나 '이성서'가 있어서 매일 성장하는 하루를 살아가는 중이다.

"남편과 함께하는 결혼생활에 만족감과 행복함을 느끼고 계시나요?" 라는 말을 들으면 나는 무조건 "네."라는 대답이 준비되어 있다. 행복은 소소한 것에서 찾아온다. 내가 그 작은 행복을 누릴 수 있느냐, 없느냐에 따라 나에게 큰 행복이 왔을 더 크게 느낄 수 있다.

나는 남편에게 엄청난 일과 경제적 능력, 큰 선물 등을 바라지 않는다. 물론 그런 것까지 나에게 해준다면 좋겠지만, 내가 집에서 함께 생활하는 면에서 만족과 행복감을 느끼지 못한다면 나는 나에게 아무리 비싸고 좋은 것을 주어도 그다지 행복하다는 감정을 느끼지 못할 것 같다.

나는 남편과 함께 생활하면서 남편이 나에게 주는 소소한 행복에 너무 감사하고 때로는 감동이 되고 행복하다는 생각을 한다. 남편은 나에게 말한다. "나는 네가 행복하길 원하며, 행복을 주려 노력할 거야." 나는 그런 남편의 말을 들으며 내가 이 사람을 선택하길 정말 잘했다는 생각을 한다.

내가 출근을 해야 하는 날 남편이 휴무라 쉬었던 적이 있었다. 내가 일을 하러 간 사이 남편은 화장실 청소를 해주고 음식물 쓰레기도 버려주고 세차도 해주고 빨래도 해주고 집을 깨끗이 정리해주었다. 깨끗해진 집을 보니 나는 기분이 너무 좋았다. 사실 남편의 우렁각시다운 모습에 살짝 놀라기도 했다. 휴무에 쉬지 않고 날 위해 집안일을 해주어서 너무 감사했다.

사실 모든 아내들은 남편에게 대단한 것을 바라지 않는다. 그런데 남편은 아내들에게 무엇인가를, 대단한 것을, 좋은 선물을 해주어야 한다는 생각을 한다. 아내는 남편과 항상 함께하는 것을 원하고 남편이 자신의 마음을 알아주길 바라고 공감해주길 바란다. 이것만 해주어도, 아내한테는 100점짜리 남편이다. 그다음에 가끔은 이벤트가 있으면 더 사랑받는 남편이 되겠지.

나는 지금까지도 남편에게 잊지 못하는 모습이 있다. 남편과 함께 잠을 자고 있었다. 나는 남편을 등지고 자고 있었는데 남편이 새벽에 깼다. 깨서는 나에게 이불을 덮어주고 내 뒤를 따뜻하게 안아주는 것이었다. 나는 그때의 푹신함과 부드러움을 아직도 잊을 수가 없다. 잠결이었지만 남편의 사랑이 담긴 백허그가 나의 마음을 설레게 했다. 나는 남편에게 가끔 그날의 백허그에 대해서 말을 한다. 그때의 따뜻함이 아직도 생생하고 잊을 수 없다고.

남편이 내게 행복을 선물하기 때문에 나는 남편이 주는 행복을 느끼며 살아간다. 나에게 이렇게 가까이에서 행복을 줄 수 있는 사람은 남편밖에 없다는 것을 잘 알고 있다. 그래서 이제는 내가 남편에게 행복을 줄 수 있는 사람이 되어야겠다고 생각한다. 내가 이렇게 행복을 전할 수 있는 마음을 만들어준 사람은 남편이다. 남편은 스스로 행복한 길을 갈 것을 선택했다. 남편이 행복을 선택한 것은 내 인생에도 최고의 행복이 된다.

"행복을 나누면 두 배가 된다."라는 말이 있다. 상대방의 행복이 나에게도 전달되어 나도 상대방과 같이 행복한 감정을 느끼기 때문이다. 나는 나의 멘토이신 권동희 대표님의 말씀을 듣게 되었다. 나는 대표님의 말씀을 듣고 정말 깜짝 놀랐고 생각이 변화되고 입을 다물 수가 없을 정도로 큰 깨달음을 얻었다.

권동희 대표님의 말씀은 "우리는 '1+1=2'라는 것을 당연히 잘 알고 있습니다. 그래서 사람과 사람이 만나 일을 하면 두 배의 효과를 냅니다. 하지만, 부부는 1+1=100배의 효과를 냅니다. 그래서 다른 사람과 일을 할 때보다 부부가 함께하면 100배의 행복을 느끼고 시너지를 내고 효과를 만들어냅니다. 그러니 부부의 힘은 대단합니다. 부부가 함께 성장하기로 힘쓴다면 다른 사람들보다 훨씬 빨리 성장할 수 있습니다."라는 것이었다.

"부부가 함께하면 2가 아닌 100으로 성장하고 성공할 수 있다."라는 사실이 너무나 놀라웠다. 권동희 대표님의 말씀이 내 머리와 가슴속에 딱 박혔다. 그래서 내가 남편을 만나 성장과 성공을 원하니 다른 사람보다 훨씬 더 빠르게 가고 있다는 것을 알게 되었다. 그리고 남편과 함께하니 무엇이든 빨리 결과가 나오고 서로가 내는 시너지가 서로에게 다가오니 긍정의 힘을 받아 서로가 느끼는 효과도 너무나 컸다. 나는 이렇게 부부가 함께 성장하기를 힘쓴다면 빠르게, 눈에 띄게 성공할 수 있을 것이라는 생각을 그때 처음 하게 되었다.

사실 내가 나의 모습을 성장시키고 성공자의 삶을 살아가고 싶다는 생각을 하지도 않았고 하지를 못했다. 그냥 내게 주어진 일만 열심히 하면 되겠지, 살아지는 대로 살아가야지 하고 생각했기 때문이다. 내 모습을 항상 성장시켜야겠다는 생각을 한 것은 남편이 자신의 모습을 항상 성장시키고 성공자로 살아가고 싶어한다는 것을 알았을 때부터이다.

남편의 마음과 생각이 나에게 전해지니 나도 남편의 좋은 모습을 따라가게 되었고 나를 매일매일 성장시키는 삶을 살아가게 되었다. 그리고 성장하는 나의 모습을 발견하게 되었다. 남편 자신의 성장이 아내에게까지도 엄청난 영향을 주었고 우리는 서로 성장하는 모습들을 보며 행복함과 뿌듯함을 느꼈다.

사람들은 우리 부부를 보면 항상 부러워한다. 부부가 함께 꿈을 꾸고 있으니 말이다. 그 꿈을 하나씩 이루어가고 있으니 사람들은 "나의 남편도 이런 사람이었으면 좋겠다.", "항상 함께 하는 모습이 부럽다."라고 말해주며 응원도 해주신다. 사람들의 부러운 눈빛과 칭찬을 들으면 우리도 너무 감사하고 더 좋은 모습을 보여드리자고 다짐하곤 한다.

나와 남편은 100%의 행복을 느끼고 100% 사랑을 나누고 서로에게 100%의 진심만을 보여준다. 그리고 서로를 100% 이해하고 공감해주며, 100% 성장하고 100% 성공한 삶을 살아간다. 우리 부부의 삶은 100점이다.

"남편이 딴짓하는 데는 이유가 있다." 남편은 혼자 책상에 앉아 자신에게 주어진 일과 자기계발을 하고 있었다. 나에게 항상 그렇게 열심히 하는 모습들만 보여주었다. 물론 남편은 전역서를 당당하게 던진 그 이후의 삶이 어떤 삶인지를 많은 사람들에게 보여주어야 했고 모두가 말하는 안정적인 직장을 포기하고 성공한 사람의 삶을 보여주어야 했다.

거기서 오는 부담감에 알게 모르게 신경이 많이 쓰이는 눈치였다. 그러면서도 한편으로는 자신이 하고 싶은 일을 하는 것이니 당당했다. 좋은 결과들을 보여주었다. 남편도 자신이 무엇을 하며 살아가야 할 것인지를 잘 알고 있었고 어떻게 하면 자신이 성장하고 성공할 수 있을 것인지에 대해 끊임없이 답을 찾고 질문했다.

나는 내가 생활비를 벌어 오면서까지 남편이 하는 모든 일을 믿어주고 응원해주었고 응원해주고 싶었다. 남편은 그런 나에게 빨리 성공한 모습을 보여주고 싶어 했고 아내를 행복하게 해줄 수 있는 방법에 대해 항상 생각하는 사람이 되었다. 그래서 내가 더 행복한 삶을 살아가고 있는 것인지도 모른다.

세상 사람들은 자신의 방법과 방식으로 자기계발을 이루어가고 성장하고 발전하는 삶을 살아간다. 그러면서 흔히 '자기계발서'라는 책을 구입하여 많이 읽는다.

남편은 〈한국책쓰기1인창업코칭협회〉 김도사(김태광 작가) 대표님께 책 쓰는 법을 배워 책을 썼다. 남편은 자기계발의 끝이라고 하는 책을 써서 작가가 된 것이다.

나는 남편이 책을 쓰고 작가가 되어 세상에 군인이 되고 싶어 하는 많은 청년들을 도우며, 세상에 선한 영향력을 끼치는 사람이 되어가는 것을 보니 너무나 자랑스럽다. 자랑스러운 남편이 되어주어서, 빛나는 남편이 되어주어서 너무 고맙고 감사하다. 남편은 앞으로 성장하고 성공길을 걷는다. 그 성공의 길을 걸어갈 때 나도 함께 걸어갈 것이다.

나는 남편을 처음부터 운명적으로 만나 지금까지 아무 문제없이 행복하게 살아온 것이 너무 감사하고 너무 기쁘다. 남편은 항상 긍정만을 말하고 다가올 미래에 성공자의 삶을 살아가겠다고 이야기하는 사람이다. 그리고 함께 성장하고 성공하는 삶을 살아가자고 나에게 먼저 손을 내밀어 주는 사람이다. 나는 그런 남편과 함께하기로 다짐했다. 우리 부부는 꿈을 꾸는 꿈부부로 매일 성장하며 꿈을 이루는 삶을 살아간다. 남편이 꿈을 이루는 데 아내로서 큰힘이 되어주는 삶을 살 것이다. 나는 남편과 결혼한 것에 대해 단 한 번도 후회를 해본 적이 없으며 앞으로도 후회할 일은 없을 것이다. 남편을 만난 것은 내 인생 최고의 행복이다.